建设项目
环境影响评价
坝下最小下泄流量技术研究与实践

环境保护部环境工程评估中心　编
水　电　环　境　研　究　院

中国环境出版社·北京

图书在版编目（CIP）数据

建设项目环境影响评价坝下最小下泄流量技术研究与实践/环境保护部环境工程评估中心，水电环境研究院编. —北京：中国环境出版社，2017.10

ISBN 978-7-5111-3318-2

Ⅰ. ①建… Ⅱ. ①环…②水… Ⅲ. ①水利水电工程—最小流量—研究 Ⅳ. ①P333

中国版本图书馆 CIP 数据核字（2017）第 219609 号

出 版 人　王新程
责任编辑　李兰兰　殷玉婷
责任校对　尹　芳
封面设计　宋　瑞

更多信息，请关注
中国环境出版社
第一分社

出版发行　中国环境出版社
（100062　北京市东城区广渠门内大街 16 号）
网　　址：http://www.cesp.com.cn
电子邮箱：bjgl@cesp.com.cn
联系电话：010-67112765（编辑管理部）
010-67112735（第一分社）
发行热线：010-67125803，010-67113405（传真）
印　　刷　北京市联华印刷厂
经　　销　各地新华书店
版　　次　2017 年 10 月第 1 版
印　　次　2017 年 10 月第 1 次印刷
开　　本　787×1092　1/16
印　　张　13.25
字　　数　290 千字
定　　价　45.00 元

《建设项目环境影响评价坝下最小下泄流量技术研究与实践》

编 委 会

前　言

随着“十三五”改革的深化落实，生态文明建设的战略地位不断提升，水利水电建设项目开发过程中的生态保护问题也日益受到关注。为深化落实水电开发生态环境保护措施，切实做好水电开发环境保护工作，2014 年 5 月，环境保护部与国家能源局联合下发的《关于深化落实水电开发生态环境保护措施的通知》（环发〔2014〕65 号），提出要合理确定生态流量，认真落实生态流量泄放措施。

生态流量，是维持河流形态和基本生态功能的保障。我国在借鉴国外发达国家生态流量管控技术方法的基础上，经过多年研究和管理实践，已逐步建立了适应我国河流现状的生态流量技术方法，并在水利水电开发生态保护实践中取得一定成效，但仍存在着一些技术约束和管理难点。

在此背景下，环境保护部环境工程评估中心于 2016 年 10 月举办了“第五届水利水电生态保护研讨会——坝下最小下泄流量技术研究与实践”。会议围绕生态流量政策法规、理论方法、监测管理、实践应用四个方面进行了交流讨论。编者从会议成果中遴选出 21 篇论文汇编成册，形成《建设项目环境影响评价坝下最小下泄流量技术研究与实践》一书，期望能够总结当前我国水利水电工程下泄生态流量的研究进展及存在的难题，分享技术方法和管理经验，从而进一步促进水利水电行业的交流。同时，本书也能为从事生态流量相关工作的科研单位和研究人员提供借鉴，对生态流量相关措施落实工作具有一定的参考价值。

由于时间和编者水平有限，本书仍存在不足之处，敬请广大读者批评指正。

编　者

2017 年 9 月

目 录

一、下泄生态流量理论与方法

二、下泄生态流量监测与管理

三、下泄生态流量实践与应用

一、下泄生态流量理论与方法

我国水电工程生态流量环评管理中的问题及建议

陈凯麒[1,3]　曹晓红[1,3]　孙志禹[2,3]　祁昌军[1,3]　陈　昂[2,3]

（1. 环境保护部环境工程评估中心，北京 100012；2. 中国长江三峡集团公司，北京 100012；3. 水电环境研究院，北京 100012）

摘　要：通过梳理国家近十几年来审批的水电工程环境影响评价报告书及批复文件，总结了我国生态流量管理的现状，以 2006 年《水电水利建设项目河道生态用水、低温水和过鱼设施环境影响评价技术指南（试行）》实施为时间节点，回顾分析了该指南实施前后水电工程下泄生态流量的差异和落实情况，分析了下泄生态流量计算方法、工程生态流量泄放方式、生态流量保障措施和监测措施的差异。重点分析了当前我国生态流量落实与管理中存在的问题，并相应提出了对策建议。

关键词：水电工程；生态流量；环评管理；问题与建议

1　引言

生态流量是维持河流形态和基本生态功能的保障，我国在借鉴国外发达国家生态流量管控技术方法的基础上，经过多年研究和管理实践，逐步建立了适应我国河流现状的生态流量技术方法，在水利水电开发的生态环境保护中取得了一定成效。通过近期开展的"水利水电工程生态基流指标体系及红线约束区划研究"课题并梳理 2001—2015 年环境保护部审批的 96 个水电工程环评报告和实践情况，总结了生态流量环评管理的现状、问题及建议。

2 我国生态流量管理的现状

2.1 生态流量的概念内涵

引水式、混合式水电站引水发电、堤坝式电站调峰运行、引调水和供水等水利工程河道外用水等均将导致下游河道减（脱）水，这一变化将对水生生态、生产和生活用水、河道景观、地下水及河道外陆生生态等产生一系列不利影响。为减缓这些不利影响，水利水电工程需要下泄一定的生态流量，以维持河流生态系统功能。生态流量相关的概念有环境流、生态需水、生态基流、敏感生态需水等，其核心都是为维持河流基本生态系统服务功能所需的流量。对于水利水电工程，应重点关注坝下减（脱）水河段的生态流量及水文过程，坝下生态流量除流量外，还包括上述各类河道内外需水的综合水文包络过程线的内涵。

2.2 生态流量的管理规定

2005 年之前，我国未形成统一的生态流量管理规定。2005 年之后，以《水电水利建设项目河道生态用水、低温水和过鱼设施环境影响评价技术指南（试行）》（环评函〔2006〕4 号）（以下简称《指南》）和《关于加强水电建设环境保护工作的通知》（环发〔2005〕13 号）等文件为指导，形成了以坝址控制断面多年平均流量的 10%作为生态流量审批的约束红线。随后，环境保护部陆续发布了《关于进一步加强水电建设环境保护工作的通知》（环办〔2012〕4 号）和《关于深化落实水电开发生态环境保护措施的通知》（环发〔2014〕65 号）等文件，对生态流量管理要求、泄放量值和保障措施等进一步强化。

2.3 生态流量的落实情况

计算方法：《指南》实施前，绝大多数工程都没有考虑泄放生态流量，生态流量计算随意性较大，缺乏“红线”“底线”概念；《指南》实施后，计算方法以参照《指南》为主，生态流量一般不低于坝址断面多年平均流量的 10%，同时考虑坝下生态目标，生态流量下泄量值明显增加。

流量过程：《指南》实施前，生态流量下泄量值单一、固定，不符合下游河道水文过程涨落的自然规律；《指南》实施后，建立了以生态调度加生态流量过程为主的生态流量管理模式，已统计的 96 个工程中有 17%考虑了年内不同时期的生态流量。例如，两河口、硬梁包水电站在鱼类产卵、繁殖季节均考虑了洪峰流量的要求；绰斯甲水电站提出鱼类产卵期制造洪水过程的要求，对峰值流量给出约束值；苏洼龙、卡拉、叶巴滩、玛尔挡水电站要求在鱼类产卵期制造不参与日调峰的天然洪水过程或按照上游来流量下泄，保持坝下河段天然径流过程。

保障措施：《指南》实施前，大部分工程未设置生态流量泄放保障措施；《指南》实施后，97%的工程设置了生态流量泄放保障措施。随着管理要求逐渐提高，保障措施不断完善。

3 我国生态流量管理的问题

3.1 生态流量时空差异考虑不足

目前，管理实践过程中，以河道控制断面多年平均流量的 10%（当多年平均流量大于 80 m^3/s 时按 5%取用）作为环评审查的红线约束指标。但在实际工作中，建设单位和环评单位往往简单地以坝址断面多年平均流量的 10%这个固定值作为下泄的生态流量，虽然方便易操作，但未充分考虑下游河道的实际生态需求和时空差异性。我国南方地区一般雨量丰沛，河流流量较大，北方地区河流流量相对较小，而西北地区、青藏地区多为季节性河流，流量年内分配呈现显著的“汛期多、非汛期少”特点，不同区域、流域水文过程和河道生态需求存在较大差异。

3.2 生态流量技术体系有待完善

随着水电开发程度提高与待开发区域生态环境脆弱，按照《指南》确定的生态流量阈值已不能满足当前需求，仍采用坝址多年平均流量 10%作为约束红线判定依据，缺乏对下游生态系统特征用水、特殊时期用水的考虑。从宏观战略管理层面，尤其是在水利水电建设项目环评阶段，如何规范确定下泄生态流量计算仍是未解决的难题。

3.3 流域内保护措施存在不均衡

从时间上看，2005 年以后的项目环保措施要求得到加强，落实也相对较好，2005 年以前建设的项目保护措施要求较弱，尤其是 20 世纪八九十年代建设的葛洲坝、岷江早期电站等项目，基本没有相关要求，这些历史欠账已经成为长江流域生态环境保护的短板。从行业看，建设单位多为企业的水电行业，措施落实情况相对较好，而建设单位多为相关政府部门的水利、交通航运等行业，受制于部门环保理念、财政资金等，措施落实就相对较差。从项目规模上看，大型项目措施要求完善、落实较好，小型项目措施要求较少、落实较差。

3.4 环保措施落实与监管不到位

从目前掌握的情况看，环保措施在建设期和运营期的监管十分薄弱，全过程监管体系尚未建立。这就导致很多建设单位在建设期不按照环评要求进行设计和施工，在通过环保竣工验收后，运行期擅自关停环保措施或弱化日常运营管理的现象普遍。大量项目由地方环保部门审批，河流分割管理导致难以形成整体保护体系，地方各级环保部门受限于地方政府，往往难以把控其所审批项目的环保要求，建设项目事中、事后环境管理没有形成有效抓手。

4 建议

4.1 明确生态流量内涵外延，完善生态流量管理指南

借鉴国外生态流量管理经验，在我国已有政策法规基础上，明确生态流量内涵、外延及管理保护目标，识别统一的管理共性指标与区域特性指标，形成水利水电工程生态流量指标体系，建立生态流量管理指标数据库与决策支持系统，完善生态流量泄放评估过程；完善我国生态流量管理指南，健全工程建设前后生态流量红线约束标准，建立基于坝下河道生态系统敏感目标的工程运行期生态流量适应性管理措施，从政策法规层面规范生态流量管理。

4.2 提高生态流量约束红线，优化生态流量泄放过程

环境保护部环境工程评估中心水电环境研究院“水利水电工程生态基流指标体系及红线约束区划研究”课题成果显示，应以过程约束替代阈值约束的方式确定生态流量，并且有条件将现行的生态流量红线取值从多年平均流量的10%提升到坝址多年平均流量的15%。建议在水生生物丰富河段及鱼类重要产卵繁殖期，下泄生态流量原则上不得低于坝址处多年平均径流量的30%，当天然来流量小于坝址处多年平均流量的30%时，下泄生态流量按坝址处天然来流泄放。北方河流应分为汛期和非汛期两个水期分别进行计算，根据下游生态目标需求，明确下泄生态流量过程线，强调河流不同时期多样的生态需求。北方，当上游来水小于多年平均流量的15%时，按“来多少放多少”要求；南方，当河道最小流量大于多年平均流量的15%时，按最小流量要求。

4.3 落实生态流量保障措施，实施分区分类差异管理

根据我国不同行政区域、流域的生态环境特点及水库工程特征，考虑坝下河段重要保

护目标、水库工程类型、水库调节性能等多项指标，建立面向生态流量适应性管理的水库工程分类名录，结合水资源分区、水环境功能区划、生态功能区划等成果，绘制分区分类差异化的生态流量约束红线。考虑水利工程与水电工程差异性，引水式、堤坝式与混合式电站的差异性，区别调水工程与常规水电站生态流量的差异性。考虑年内丰水期、平水期、枯水期的水文过程差异，将生态流量过程线纳入水库调度规程，提出生态调节库容要求。

4.4 建立生态流量适应性管理机制，加强全过程管理

尽快建立水库生态调度准则和生态补偿措施，完善河流生态系统监测与水库生态调度实践，通过不断开展水利水电工程及流域环境影响后评价优化调整生态流量。督促各级环境保护部门加强水利水电类项目全过程管理，加大对违法项目的查处力度。建议制订生态类项目运营期环境监管制度和监督技术指南，强化运营期监督管理，将监测数据纳入企业生产报表监管系统。加强此类项目环境影响后评价工作，不断优化相关措施。建立奖惩机制，通过经济、区域限批等多种手段，激发建设单位强化措施落实和效果发挥的积极性。

水利水电工程最小下泄生态基流量计算方法研究

张行南[1,2]　马乐军[1,2]　陈凯麒[3]　陈　昂[3]
（1. 河海大学，南京 210098；2. 南京河海科技有限公司，南京 210098；
3. 水电环境研究院，北京 100012）

摘　要：水利水电工程对下游河道的生态环境影响较大，适宜的生态基流计算方法为快速估算工程下泄生态基流提供有效的途径。本文梳理了河道生态基流的概念，提出了水利水电工程最小下泄生态基流的含义。运用生态基流空间插值方法结合水文学方法，分析了生态基流计算方法的适用性，确立了水利水电工程最小下泄生态基流的计算方案。对汉江流域进行实证分析，提出干流宜采用 Tennant 法、最小流量法，支流推荐采用 Tennant 法计算，由此计算出了干支流控制断面的最小下泄生态基流量，基本处于多年平均流量的 15%～20%。

关键词：汉江；水利水电工程；河道生态基流方案；空间插值法；水文学法

天然河流的水文情势是河流生态多样性的基础，水利工程的建设改变了河流的天然水文情势，常造成工程下游河道减脱水现象，引起了水环境质量恶化、生物多样性锐减等一系列的河流生态环境问题[1-3]。多年来众多学者对“水利工程对水文情势及相应的河流生境的影响”展开了研究，Poff 等[4]研究了美国 186 条建坝河流的水文变化，发现由于大坝的干扰，坝下河流水文情势同一化趋势严重，对鱼类多样性影响很大。杨涛[5]、Chen[6]、杜河清[7]等分析了东江上游水库对下游水文情势的影响，探讨了由水库导致的最显著的水文变异因子，得出了径流年内分配趋于均化的结论。Poff 等[8]探讨了水文情势对鱼类群落组织的影响机理。Sagaw 等[9]认为水文情势的改变使鱼类优势种群发生了改变。Kennard 等[10]借助人工神经网络，分析了水文情势对鱼类种类结构的影响。Yang 等[11]探讨了水文情势与鱼类多样性及种类丰度之间的关系，分析了各水文指标对鱼类群落的不同影响，初步确定了对鱼类群落影响显著的水文指标。为减轻水利水电工程对下游生态环境的影响，发挥径流过程对河流生态系统的作用，保持河流生态系统的多样性，必须在水利水电工程建设及运行期间，保持下泄一定的生态流量（过程），以避免下游河道生态系统遭受不可逆的破坏，该生态流量即为水利水电工程最小下泄生态基流（以下简称“最小生态基流”）。

如何估算最小生态基流，为生态基流确定提供支持是本领域研究的重点之一。水文“经验法则”是较常用的方法，一般取多年平均径流量的百分之比作为生态基流[12-14]。在此基础上，我国针对水利水电工程，取多年平均径流量的10%作为最小基流[15]。这一计算方法在过去的几十年内，对实际工作起到很好的指导作用。然而，在不同气候区、不同大小和类型河流上，以及同一河流不同河段上，所确定的最小基流存在显著的不协调现象，甚至出现了明显的矛盾。因此，研究如何根据实际水文、气候条件，考虑河道生态需水的空间变异性，在不同流域、干支流不同断面等采用不同的计算方法，具有十分重要的理论意义和实用价值。

本文对河道内生态基流计算方法的特点和适用性进行了分析，以 4 种水文学方法为基础，结合沿河空间插值法，确定不同断面相应的计算方案。以汉江流域为例，对最小下泄生态基流计算方法展开了实证研究。本文的研究成果可为水利水电工程最小下泄生态基流量的确定提供了参考依据。

1 河道生态基流计算方法

河道生态基流估算自 20 世纪 40 年代开始，至今大致可分为水文学法、水力学法、栖息地法和整体分析法四大类[16-19]。水文学法是利用简单的水文指标设定流量的传统的基流计算方法，Tennant 法[20]、90%保证率法[21]、7Q10 法[22]、基本流量法[19]等是比较具有代表性的方法。水力学方法[23]大多以曼宁公式为计算基础，一般通过建立流量与水力学要素之间的关系确定生态基流。栖息地法[25]以保护物种栖息地环境要素、水力学条件和流量条件为基础，通过建立三者关系确定生态基流，与水文学法和水力学法不同之处表现为对流量季节性变化和适当洪水规模的要求。整体法是国外研究热点和发展方向，主要原因为国外不仅关注保证工程下泄生态基流，更为关注实现多种河流生态系统服务功能应确定的环境流量及过程。南非的 BBM[24]（Building Block Methodology）法是考虑较为全面的一种整体法。

国内外虽然形成多种河道生态基流计算方法，但各种方法本身存在一定的不足[25]。根据不同方法分类，各类方法主要的优缺点见表 1。

表 1　河道生态基流计算方法优缺点

类别	优点	缺点	推荐使用条件
水文学法	计算简单，容易操作，对数据要求一般不高	过于简化了河流的实际情况，没有直接考虑生物参数及其相互影响	不能完全反映出河流生态需水的实际情况，只能在优先度不高的河段使用，或作为其他方法的一种粗略检验
水力学法	数据容易通过调查获得，不需详细的物种—生境关系数据，可为其他方法提供水力学依据，与其他方法结合使用	用一个河道断面水力参数代表整条河流，易产生较大误差	计算结果无法反映河流的季节变化，通常不能用于确定季节性河流的流量
栖息地法	结合生物与流量资料获得目标物种的推荐流量，充分考虑了目标鱼类的栖息地参数	定量化的生物信息较难获得，需要研究水文系列的特定水力条件及相关鱼类栖息地参数	计算结果仅能反映目标物种的流量需求，对于敏感目标较多的河流生态系统适用性较差
整体法	全面评估整个河流生态系统的需水状况，从保护单一物种或单项生态目标向维护生态完整性方向前进	许多整体法都假设自然水文情势是最佳水流条件，限制了在水库河段的应用	过多地依赖多学科的专家知识，需要大量生物数据，同时对水质和泥沙问题考虑不足，不太适用于我国河流现状

2　水利水电工程最小下泄生态基流

水利水电工程的兴建，需要下泄一定的生态基流以保护下游河道的生态系统稳定。选择适宜的计算方法估算水利水电工程下泄生态基流量是当下研究的难点。通过对生态基流四大类方法的梳理，结合水利水电生态基流计算的特点，本文认为水文学方法以河道内控制断面历史流量为基础，计算简单，易于操作。为简单快速的计算最小基流，本文采用水文学方法：Tennant 法、90%保证率法、月基本流量法及最小流量法，通过对历史流量的分析，计算控制站点的最小生态基流。

上述方法构建了快速估算水利水电生态基流的计算方法体系，但存在两个问题：

（1）方法种类较多，当不同方法的计算结果差异较大的处理机制。不同的计算方法，计算的原理及机制不一样，往往造成结果差异较大。根据《河湖生态需水评估导则（试行）》（SL/Z 479—2010）的要求，采用多计算方法的外包线作为最终的生态基流值。此种处理方法能够最大限度地保护河道内生态系统，也存在着生态基流估算过大，造成河道内流量不能满足的情况。本文在分析不同方法合理性的基础上，选择最小的计算结果，确立最小下泄生态基流量的“红线”。

（2）当河道内控制断面资料缺乏，满足不了计算方法所需的最小序列长度的解决方法。

生态基流的四大类生态基流计算方法均为计算某一固定的河道断面，即基于该断面的历史水文资料、大断面资料等数据进行生态基流的计算。对于缺乏资料的断面，则无法使用上述方法进行生态基流的计算。为此，本文提出河道内任意一点的最小基流空间插值方法，该方法考虑到流域河网的自相似性的特点，利用水文相似性原理，通过分析计算断面上游、下游水文站生态基流量及汇水面积（图 1），运用空间插值的方法，估算计算断面的最小基流，从而实现了生态基流的空间展延，为水利水电工程生态基流的决策分析提供技术支持。具体公式见式（1）。

$$Q_x = Q_a\left(\frac{F_x}{F_a}\right)^n \tag{1}$$

式中，Q 为流量；F 为汇水面积；x、a 代表参证站及计算站；n 为修正系数。只考虑面积的情况下修正系数 n 取值为 1，其他情况下，需要先行计算修正系数。本文汉江流域取 0.8。

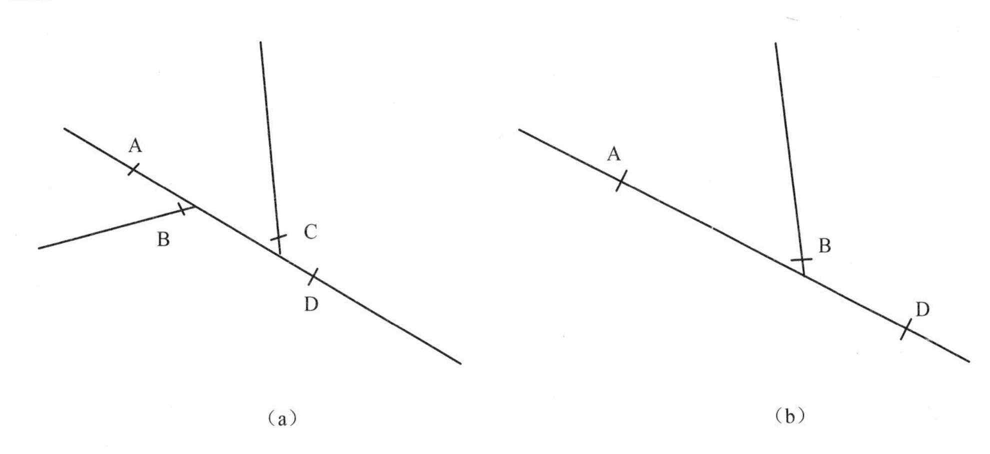

图 1 生态基流空间插值示意

图 1（a）中：①以 B 流域出口断面为参证站点，计算 C 流域的出口流断面流量；②以 A 流域出口所在的干流断面为参证站，计算 D 流域出口所在的干流断面的流量。

图 1（b）为河道内插值，以 A 流域出口所在的干流断面为参证站，计算 D 流域出口所在的干流断面的流量。

综上所述，本文以水文学方法：Tennant 法、90%保证率法、月基本流量法及最小流量法结合生态基流空间插值，构建了水利水电工程下泄生态基流计算方法体系，计算控制站点的最小基流。

3 汉江流域实证研究

3.1 流域概况

汉江流域面积为15.9万km^2，涉及鄂、陕、豫、川、渝、甘6省（市）的20个地（市）区、78个县（市），流域多年平均年降水量约873 mm，下游地区可达1 100 mm以上，中游地区为800～900 mm，丹江口以上为700～900 mm，水量较为充沛但空间分布不均匀。流域内2001—2014年建设的水电站达到7座，同时也有如南水北调中线源头工程、兴隆水利枢纽工程及引江济汉工程等为代表的引（调）水工程，水资源利用程度较高。

本文收集了汉江流域内78个水文站的基本信息及其1956—1986年共31年的径流数据。收集了流域内7座水电站环境影响评价生态基流及相关计算用数据，用于生态基流得空间插值及对本文计算结果的对比分析和合理性检验。

3.2 计算结果

采用上述计算方法体系，分别计算了78个水文站的生态基流。经统计月基本流量法计算的生态基流大于多年平均流量10%的断面数量为65个，占83%，无论干流还是支流，基本大于多年月平均流量的10%。而干支流差异较大，干流12个水文站中有8个大于10%，占67%，支流只有21个大于多年月平均流量的10%，约占32%（表2）。而保证率法与月基本流量法结果大致相同。可见不同计算结果在干支流上差异较大，故干支流不同断面应采用不同的方法来计算生态流量，把计算结果作为最小基流。

表2 汉江流域不同计算方法结果大于断面多年月平均流量10%的数量

控制断面	月基本流量法	历史最小流量法	保证率法
干流	11	8	8
支流	54	13	43
总计	65	21	51

表3和表4给出了汉江流域干流控制断面4种计算方法计算出的生态基流结果，其呈现出一定的规律性：

（1）上游至下游基本处于增加的趋势。干流上游喜河水电站及以上多年平均径流量较小，部分断面出现断流情况，历史最小流量法小于多年平均流量的10%。除武侯站因多年平均流量较小，造成河道出现断流情况外，各站结果均大于历史最小流量。总体上，汉江干流控制断面结果呈现出向下游逐渐增大的趋势，以月基本流量为例，上游加权平均为15%，中游加权平均为38%，下游加权平均为43%，其结果与径流流量基本趋势一致。

（2）不同计算方法在河段上下游结果不尽相同。上游干流河道，历史最小流量法及保证率法计算结果常常小于多年平均流量的 10%；对于中下游，干流生态基流 Tennant 法计算结果均小于历史最小流量法及保证率法；月基本流量法与保证率法计算结果基本一致，在上游结果处于 10%～20%，但是中游及下游均超过多年平均流量的 30%，结果偏大。

（3）相较于干流河道，支流各断面流量较小，历史最小流量法计算结果基本小于多年平均流量的 10%；月平均流量法与保证率法结果基本相似，不同支流计算结果差异较大；历史最小流量法计算结果受河流断流等影响，结果常小于 Tennant 法结果；保证率法及月基本流量法计算结果均在多年平均流量的 20%左右。

表 3　汉江干流生态基流计算结果　　单位：m^3/s

河段	控制断面	Tennant 法	月基本流量法	历史最小流量法	保证率法
上游	武侯镇站	3.90	1.70	0.00	1.70
	汉中站	11.9	15.7	4.70	3.20
	洋县站	19.2	33.6	11.4	17.2
	石泉站	35.8	60.3	12.1	60.3
	喜河水电站	38.1	64.2	12.9	64.2
	安康站	65.2	113	70.3	113
	蜀河水电站	84.1	145	90.8	145.4
	旬阳水电站	84.9	147	91.6	146.8
	白河水电站	72.4	138	96.1	127
	白河站	79.1	151	105	30.3
中游	黄家港站	124	455	139	455
	襄阳站	141	708	278	708
	碾盘山站	145	381	192	381
下游	新城站	135	501	181	501
	仙桃站	138	657	300	657
	皇庄站	162	748	298	748

表 4　汉江支流控制断面生态基流计算结果　　单位：m^3/s

河流	控制断面	Tennant 法	月基本流量法	历史最小流量法	保证率法
丹江	荆紫关	5.11	11.71	4.99	11.71
堵河	黄龙滩	18.38	32.31	7.22	32.32
夹河	南宽坪	4.09	6.99	3.48	7.00
南河	开峰峪	6.62	15.69	10.50	15.69
唐河	郭滩	5.13	7.49	0.53	7.49
	社旗	0.72	1.53	0.44	1.53
	唐河	3.96	5.88	2.09	5.88
旬河	柴坪	2.76	4.79	2.79	4.79
	向家坪	6.68	13.39	3.51	13.39

3.3 水利水电最小下泄生态基流量

以不同的方法评定生态基流值对河道内生态需水管理影响重大。对于汉江流域，生态基流多种计算方法结果差异较大，故首先需针对汉江流域水利水电工程下泄生态基流制订相应的计算方案。

3.3.1 生态基流计算方案

（1）依据水利水电工程最小下泄生态基流的含义，考虑生态基流结果是满足水生系统的最低要求，估算最小下泄生态基流应满足以下条件：应充分保障下游河道内不断流并保持一定的流量；生态基流结果应不小于历史最小径流量；估算的结果应最大限度地得到保障，即天然径流能够基本满足生态基流的需求。

（2）干流控制断面方案。通过上述生态基流的计算原则，喜河水电站及以上断面不适用于历史最小流量法，月基本流量法及保证率法对天然来水的要求较高，故汉江干流喜河水电站及以上宜选择 Tennant 法作为水利水电最小下泄生态基流量计算方法。喜河水电站及以下由于径流量较大，Tennant 法计算结果常小于历史最小流量法结果，月基本流量法及保证率法计算结果较大，造成生态基流较大程度的不满足，故汉江流域喜河水电站及以下干流中下游地区水利水电最小下泄生态基流量计算方法宜采用历史最小流量法。

（3）支流控制断面方案。汉江支流流域经常出现断流的情况，历史最小流量法不适宜使用；月基本流量法及保证率计算结果通常较大，故支流控制断面推荐使用 Tennant 法。

3.3.2 生态基流结果

依据以上的分析，对于汉江流域不同区域采用适宜的方法，计算水利水电最小下泄生态基流量，结果见表 5。

表 5　汉江流域水利水电最小下泄生态基流量

干流	控制断面	最小下泄生态基流量/（m^3/s）	占多年平均流量百分比/%	支流	控制断面	最小下泄生态基流量/（m^3/s）	占多年平均流量百分比/%
上游	武侯镇站	3.90	10	丹江	荆紫关	5.11	10
	汉中站	11.9	10	堵河	黄龙滩	18.38	10
	洋县站	19.2	10	夹河	南宽坪	4.09	10
	石泉站	35.8	10	南河	开峰峪	6.62	10
	喜河水电站	38.1	10	唐河	郭滩	5.13	10
	安康站	70.3	11		社旗	0.72	10
	蜀河水电站	90.8	11		唐河	3.96	10

干流	控制断面	最小下泄生态基流量/（m^3/s）	占多年平均流量百分比/%	支流	控制断面	最小下泄生态基流量/（m^3/s）	占多年平均流量百分比/%
上游	旬阳水电站	91.6	11	旬河	柴坪	2.76	10
	白河水电站	96.1	13		向家坪	6.68	10
	白河站	105	13	丹江	荆紫关	5.11	10
中游	黄家港站	139	11				
	襄阳站	278	20				
	碾盘山站	192	13				
下游	新城站	181	13				
	仙桃站	300	22				
	皇庄站	298	18				

计算结果表明，流域干流上游平均结果占多年平均流量的 11%，干流中游占多年平均流量的 15%，干流下游结果占多年平均流量的 18%；流域支流流量较小，生态基流结果占多年平均流量的 10%。

4 结语

本文以汉江流域为研究区域，运用空间插值法结合 Tennant 法、基本流量法、最小流量法及保证率法 4 种计算方法对流域内 78 个水文站点生态基流值及河道内水电站控制断面下泄生态基流进行计算。结果表明：

（1）运用生态基流空间插值法计算河道内任意一点的生态基流，结果较为理想，为水利水电工程建设前期快速估算生态基流提供了可行路径。

（2）通过对汉江流域的计算方法分析，构建了汉江流域生态基流的计算方案：干流上游适宜使用 Tennant 法；干流中下游适宜使用历史最小流量法；支流控制断面推荐采用 Tennant 法进行计算。

（3）汉江流域干流多处控制断面历史最小流量结果高于多年平均流量的 10%；运用汉江生态基流得计算方案，计算结果表明，干流上游、中游及下游生态基流结果占多平均的百分比随着河流的走向处于增大的趋势，在多年平均流量的 11%～20%，支流占多年平均的 10%，高于“指南”[14]中 10%的政策，应酌情考虑提高汉江流域生态基流的标准。

目前，生态基流尚没有统一的概念、计算原则及方法；本文仅采用历史流量资料，对不同的计算方法进行简单的对比分析，提出了汉江流域生态基流的计算方法；该方案尚未考虑水生生物的影响因素，汉江的生态基流的分析还需要进一步的深入。

参考文献

[1] MA Gilligan F J，Nislow K H. Changes in hydrologic regime by dams [J]. Geomorphology，2005，71：61-78.

[2] Richter B D. How much water does a river need？[J]. Freshwater Biology，1997，37（2）：231-249.

[3] Yang T，Zhang Q，Chen Y D，et al. A spatial assessment of hydrologic alteration caused by dam construction in the middle and lower Yellow River，China [J]. Hydrological Processes，2008，22（18）：3829-3843.

[4] Poff N L，Matthews J H. Environmental flows in the Anthropocene：past progress and future prospects [J]. Current Opinion in Environ-mental Sustainability，2013，5（6）：667-675.

[5] 杨涛，陈永勤，陈喜，等．复杂环境下华南东江中上游流域筑坝导致的水文变异 [J]. 湖泊科学，2009，21（1）：135-142.

[6] Chen YQD，Yang T，Xu CY，et al. Hydrologic alteration along the Middle and Upper East River（Dongjiang）basin，South China：a visually enhanced mining on the results of RVA method[J]. Stochastic Environmental Research and Risk Assessment，2010，24（1）：9-18.

[7] 杜河清，王月华，高龙华，等. 水库对东江若干河段水文情势的影响[J]. 武汉大学学报：工学版，2011，44（4）：466-470.

[8] Poff NL，Allan JD. Functional Organization of Stream Fish Assemblages in Relation to Hydrological Variability[J]. Ecology，1995，76（2）：606-627.

[9] Sagawa S，Kayaba Y，Tashiro T. Changes in fish assemblage structure with variability of flow in two different channel types[J]. Landscape and Ecological Engineering，2007，3（2）：119-130.

[10] Kennard MJ，Olden JD，Arthington AH，et al. Multiscale effects of flow regime and habitat and their interaction on fish assemblage structure in eastern Australia[J]. Canadian Journal of Fisheries and Aquatic Sciences，2007，64（10）：1346-1359.

[11] Yang YCE，Cai XM，Herricks EE. Identification of hydrologic indicators related to fish diversity and abundance：A data mining approach for fish community analysis[J]. Water Resources Research，2008，44（4）：W04412.

[12] Cullen P. 2001. The future of flow restoration in Australia. WaterShed September：1-2.

[13] Smakhtin V，C Revenga，P Doll. A pilot global assessment of environmental water requirements and scarcity. Water International，2004，29：307-317.

[14] 国家环境保护总局办公厅. 水电水利建设项目河道生态用水、低温水和过鱼设施环境影响评价技术指南（试行）[Z]. 2006-01-16.

[15] 桑连海，陈西庆，黄薇. 河流环境流量法研究进展[J]. 水科学进展，2006，17（5）：754-760.

[16] Acreman M，Dunbar M J. Defining environmental river flow requirements-A review [J]. Hydrology and Earth System Sciences，2004，8（5）：861-876.

[17] 崔瑛，张强，陈晓宏，等. 生态需水理论与方法研究进展[J]. 湖泊科学，2010，22（4）：465-480.

[18] Jowett I G. Instream flow methods：A comparison of approaches [J]. Regulated Rivers：Research & Management，1997，13（2）：115-127.

[19]Tennant D L. Instream flow regimes for fish，wildlife，recreation and related environmental resources[J]. Fisheries，1976，1（4）：6-10.

[20] 武玮，徐宗学，左德鹏. 渭河关中段生态基流量估算研究[J]. 干旱区资源与环境，2011，25（10）：68-74.

[21] Matthews R C，Bao Y. The Texas method of preliminary instream flow determination [J]. Rivers，1991，2（4）：295-310.

[22] Gordon N D，Mcmahon T A，Finlayson B L. Stream hydrology：An introduction for ecologists[M]. Chichester：John Wiley & Sons Ltd，2004.

[23] Stalnaker C B，Lamb B L，Henriksen J. The instream flow incremental methodology：A primer for IFIM [R]. Fort Collins，Colorado，USA：National Ecology Research Center，1994.

[24] King J M，Tharme R E，de Villiers M S. Environmental flow assessments for rivers：Manual for the Building Block Methodology [R]. Gezina：Water Research Commission，2008.

[25] 杨志峰，张远，左德鹏. 河道生态环境需水研究方法比较[J]. 水动力学研究与进展，2003，18（3）：295-300.

湿周法计算最小生态需水实例分析与探讨

吉小盼　蒋　红　杨玖贤

（中国电建集团成都勘测设计研究院有限公司，成都 610000）

摘　要：本文查阅了国内外有关湿周法的研究文献，在分析总结湿周法的基本理论及应用实践成果的基础上，以西南山区河流为例，收集不同形态断面的实测资料，建立各断面湿周与流量关系及其拟合曲线，采用斜率法、曲率法和经验法分析确定各断面最小生态需水，探讨湿周法的适用条件及转折点确定方法。研究表明，湿周法适用于河床稳定且形态近似抛物线形或矩形的断面，以斜率为 1 的点（斜率法）断面湿周与流量关系曲线的转折点，确定断面最小生态需水，更有利于保护河流生境，对于形态近似为抛物线形或矩形的断面，其计算结果占多年平均流量的 3.9%～13.1%，各断面最小生态需水所对应平均水深、湿周率和平均流速均能满足检验标准。

关键词：湿周；湿周法；最小生态需水

1　引言

生态需水是生态学、水文学、环境学等领域的重要研究方向，河流生态修复或水资源开发利用等都需要首先回答河流生态需水的问题，如何科学、合理地确定河流生态需水是保护河流及相关生态系统的重要前提，也是河流水资源合理配置的重要依据。国内外学者对河流生态需水进行了大量研究，形成了多种计算方法和模式[1-3]，随着相关研究的不断深入和有关方法的广泛应用，生态需水量确定的方法和模式不断地发展更新，为逐渐形成相对统一的计算原则与方法提供了基础。湿周法是多种生态需水计算方法中应用较为广泛的一种水力学方法，该方法不需要计算河段的水生生物及资料，当河流水生生态方面的研究资料较少时，成为计算最小生态需水的推荐方法之一[4]。

目前，针对湿周法及其在确定生态需水中的应用开展了大量的理论分析研究[5-6]，同时也结合实际应用，对湿周法应用中的一些部分问题进行了探讨[7-11]，但对于湿周法的适用条件及湿周-流量关系转折点的确定方法尚未有较系统的分析研究。本文通过查阅大量研究文献，从基本假设、建立湿周——流量关系及转折点的确定等方面对湿周法的原理和相关改进研究进行了总结，在此基础上，收集了西南山区河流不同形态断面的实测资料，采用改进的湿周法计算分析各断面的最小生态需水，通过实例分析探讨了湿周法的适用条件及转折点的确定方法，研究成果是对目前湿周法理论分析成果的提炼和应用总结，可为实际工程中采用湿周法计算河流最小生态需水提供参考。

2 湿周法综述

2.1 基本原理

湿周法的提出基于一个假设[5]，它将水面以下的湿润河床区域作为水生生物的主要栖息地，同时将湿周作为衡量水生生物栖息地质量的指标，假设只要保护好临界区域水生生物栖息地的湿周，就能满足水生生物的正常生存需求，并同时能满足非临界区域水生生物栖息地保护的基本需求。在此前提下，基于河流的实测断面及水位、流量等资料，借助 CAD 或曼宁公式获取不同流量条件下的湿周，并建立湿周与流量关系，把湿周与流量关系中由陡峭转变为平缓的转折点（也称为拐点）对应的流量作为河流的最小生态需水。转折点的环保意义体现在，当流量大于该转折点对应的流量时，湿周（即水生生物栖息地）对流量的变化不敏感，当流量小于该转折点对应的流量时，湿周对流量的变化非常敏感[10]。因此，在河道内维持该转折点对应的流量值，可以避免由于河道流量的减少而造成河流水面损失显著增加，不至于造成水域生境面积锐减而对水生生物的生存造成严重影响。

2.2 建立湿周与流量关系曲线

采用湿周法计算最小生态需水的关键是能否建立单一、稳定的湿周与流量关系。湿周法要求河床形状稳定，若河床形态不稳定，则不能获取稳定的湿周与流量关系，也难以通过湿周法计算出合理的最小生态需水[3]。假设河流处于明渠均匀流，则任意河道的湿周和流量关系可以借助曼宁公式[12]表示为式（1）。

$$Q=\frac{\sqrt{S}}{n}\frac{A^{5/3}}{P^{2/3}} \tag{1}$$

式中，Q 为流量，m^3/s；S 为水力坡度；n 为糙率；A 为过水断面面积，m^2；P 为湿周，m。

天然河道的断面多为不规则的几何形状，较难确定湿周与流量之间的直接关系。根据国外对湿周法的研究应用[5]，可采用对数函数或幂函数拟合得到湿周-流量关系曲线，其中，对数函数的表达形式为 $P = a\ln Q + b$，幂函数的拟合形式分别为 $P = cQ^d$。为避免确定湿周-流量关系曲线转折点时受坐标比例的影响，可将湿周和流量进行无量纲化，分别取相对湿周 $P_{相对}$（P/P_{max}）和相对流量 $Q_{相对}$（Q/Q_{max}）建立湿周-流量关系。

天然河道断面可近似为三角形、梯形、矩形、抛物线形等多种形态，一般而言，当河道断面呈三角形和抛物线形时，湿周-流量关系曲线可近似用幂函数拟合，当河道断面呈矩形和梯形时，湿周-流量关系曲线可近似用对数函数拟合[6, 11, 13]。

2.3 湿周与流量关系曲线转折点的确定

建立了稳定的湿周-流量关系后，如何确定湿周——流量关系转折点，直接影响最终确定的最小生态需水合理与否。湿周法在早期的应用过程中，主要靠研究者的眼力和经验判断湿周-流量关系曲线上的转折点，存在较大的主观性，往往使确定的转折点有较大偏差。随着研究的不断深入，研究人员提出了两种确定转折点的数学方法[5, 11]，即斜率法和曲率法。其中，斜率法以曲线上斜率为 1 的点作为转折点，曲率法以曲线的最大曲率点作为转折点。从理论上讲，曲线上某一点的切线斜率（即曲线在该点的导数）反映了曲线的变量在该点处的变化快慢程度，而曲线上某一点的曲率反映了曲线在该点处的弯曲程度。

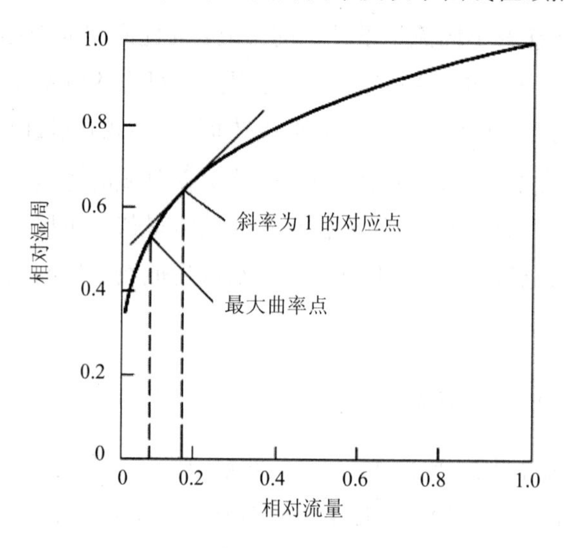

图 1 用斜率法和曲率法确定转折点示意

图 1 为斜率法和曲率法确定转折点的示意图。由图 1 可知，根据曲线斜率的几何意义，对某一固定的流量比例变化而言，当斜率大于 1 时，湿周比例的变化较大，当斜率小于 1 时，湿周比例的变化较小；根据曲线曲率的几何意义，曲线在曲率最大点处的弯曲程度最大。目前，对于曲率法确定的转折点合理还是斜率为 1 法确定转折点合理尚无定论。此外，

基于已有的理论分析和应用实践成果，相关规范[14]推荐了以湿周率（指某一过水断面在某一流量时的湿周占多年平均流量对应的湿周的百分比）80%对应的流量或以最接近湿周率80%的转折点对应的流量作为河流最小生态需水。对此，本文分别采用斜率法、曲率和经验法（湿周率 80%对应的点）确定湿周-流量关系曲线的转折点，并根据计算结果，分析判断采用哪种方法确定转折点更加合理。

2.4 计算结果合理性检验

湿周法是基于某种假设的单因子计算方法，不管应用过程中采用何种方式建立湿周-流量关系，以及采用何种方法确定曲线的转折点，其计算结果的合理性都有待检验。因此，为最终合理确定各断面最小生态需水，以及采用哪种方法确定转折点更合理，需要对计算结果的合理性进行分析评价。

3 实例分析

本文以西南山区河流为例，采用湿周法计算各河流不同断面的最小生态需水，通过分析湿周法在应用过程中相关问题及计算结果的合理性，总结应用经验，以期为实际工程中采用湿周法计算河流生态需水提供参考。

3.1 基础资料收集

根据湿周法的相关要求及各河流的实际情况，按照典型性、稳定性和实用性原则选取计算断面。通过查阅 1987—1968 年水文年鉴，收集提取了 8 个水文站实测大断面（断面位置如图 2 所示，断面形状如图 3 所示），其中岷江干流 2 个断面，杂谷脑河干流 2 个断面，大渡河干流 4 个断面。各断面在不同年份的实测数据基本相同，断面形态稳定，同步摘录了各断面的逐日流量与水位资料，为建立湿周流量关系提供基础。各断面基本特征见表 1。

表 1　计算断面的基本特征

序号	断面名称	断面形态	多年平均流量/（m^3/s）	序号	断面名称	断面形态	多年平均流量/（m^3/s）
1	姜射坝	三角形、矩形	220.0	5	泸定	三角形、矩形	886.0
2	五通桥	三角形	2 450.0	6	沙坪	矩形	1 370
3	足木足	梯形	229.0	7	杂谷脑	抛物线、矩形	62.2
4	大金	抛物线形	508.0	8	桑坪	抛物线形	105.0

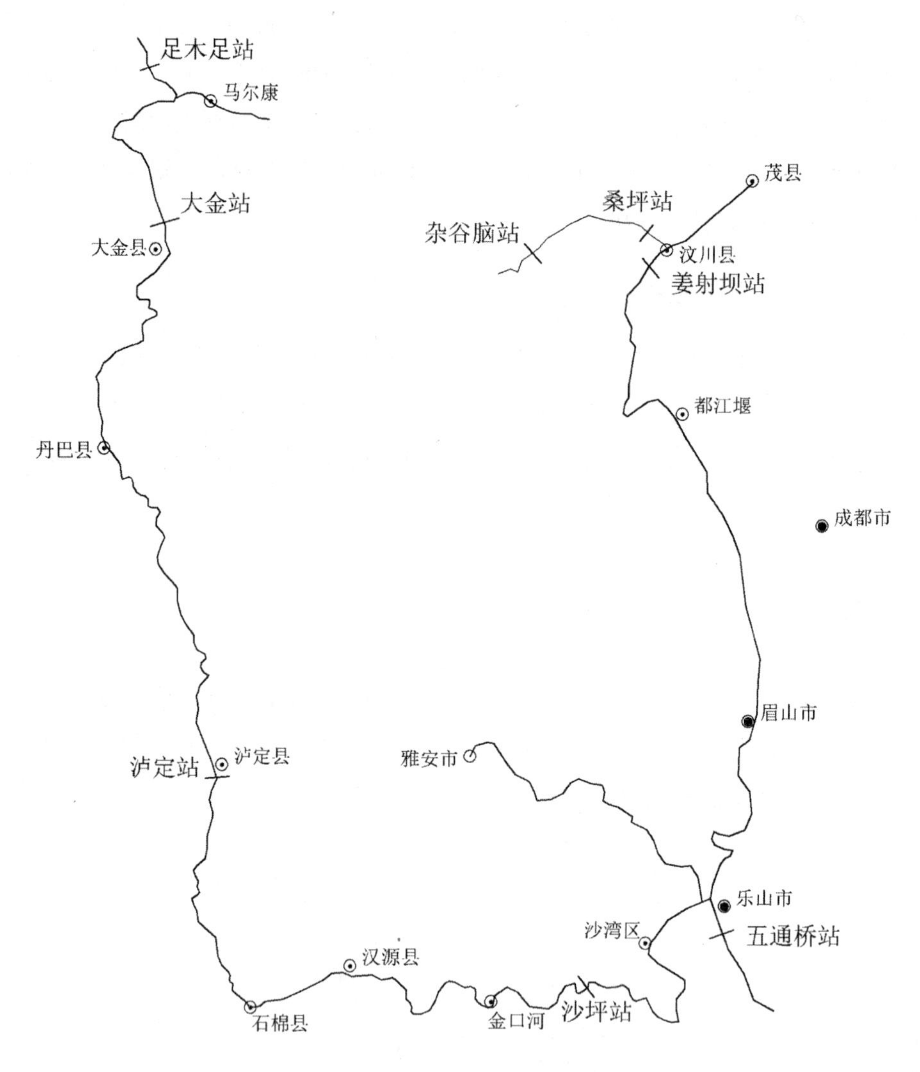

图 2 实测断面位置空间分布

3.2 建立湿周流量关系曲线

根据各水文站实测大断面资料在 CAD 中绘制断面图，在断面图上提取不同水位对应湿周，结合水文年鉴中不同水位与流量对应关系，获取不同流量对应的湿周，再将流量和湿周分别进行无量纲化[5, 8, 11]，以多年平均流量为最大流量（Q_{max}），以多年平均流量对应的湿周为满湿周（P_{max}），分别取相对流量（即 $Q_{相对}=Q/Q_{max}$）和相对湿周（$P_{相对}=P/P_{max}$）建立湿周与流量关系，在此基础上，根据图 2 中不同的断面形态，拟合相应的湿周-流量关系曲线。

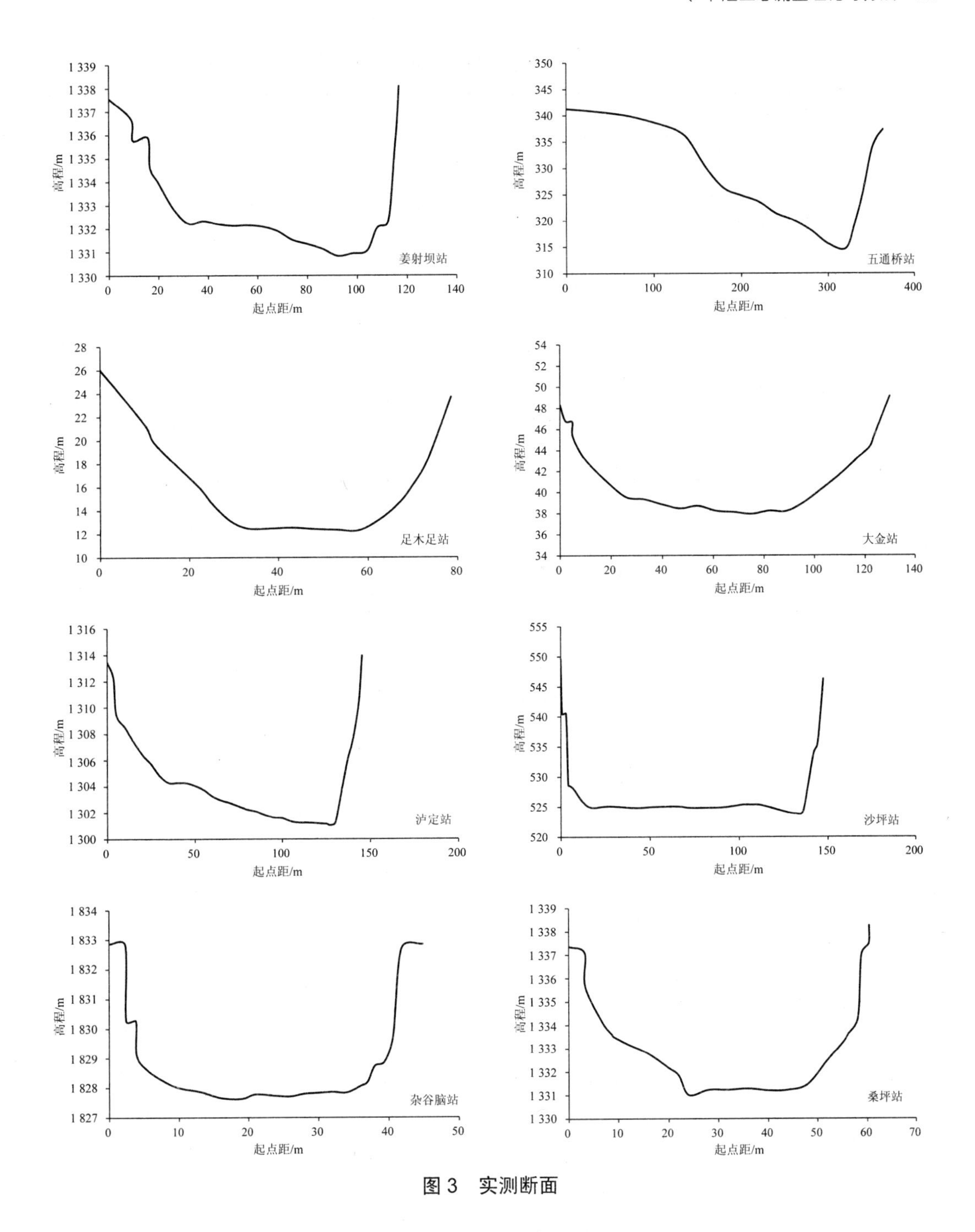

图 3　实测断面

图 4 为各断面湿周与流量关系的拟合曲线，拟合曲线公式见表 2。结合图 4 和表 2 可知，各断面湿周-流量关系曲线的相关系数均非常接近 1，拟合精度较高。

表 2　各断面拟合曲线公式

断面	拟合曲线	曲线公式	相关系数（R^2）
姜射坝	幂函数	$P_{相对}=1.001\,9\,Q_{相对}^{0.067\,9}$	0.997 6
五通桥	幂函数	$P_{相对}=0.991\,2\,Q_{相对}^{0.045\,3}$	0.928 6
足木足	对数函数	$P_{相对}=0.067\,1\ln(Q_{相对})+0.993\,4$	0.989 8
大金	幂函数	$P_{相对}=0.994\,4\,Q_{相对}^{0.113\,2}$	0.997 7
泸定	幂函数	$P_{相对}=0.996\,3\,Q_{相对}^{0.067\,9}$	0.997 8
沙坪	对数函数	$P_{相对}=0.038\,6\ln(Q_{相对})+0.998\,1$	0.976 4
杂谷脑	对数函数	$P_{相对}=0.102\,1\ln(Q_{相对})+0.981\,2$	0.975 2
桑坪	幂函数	$P_{相对}=0.985\,3\,Q_{相对}^{0.2}$	0.983 9

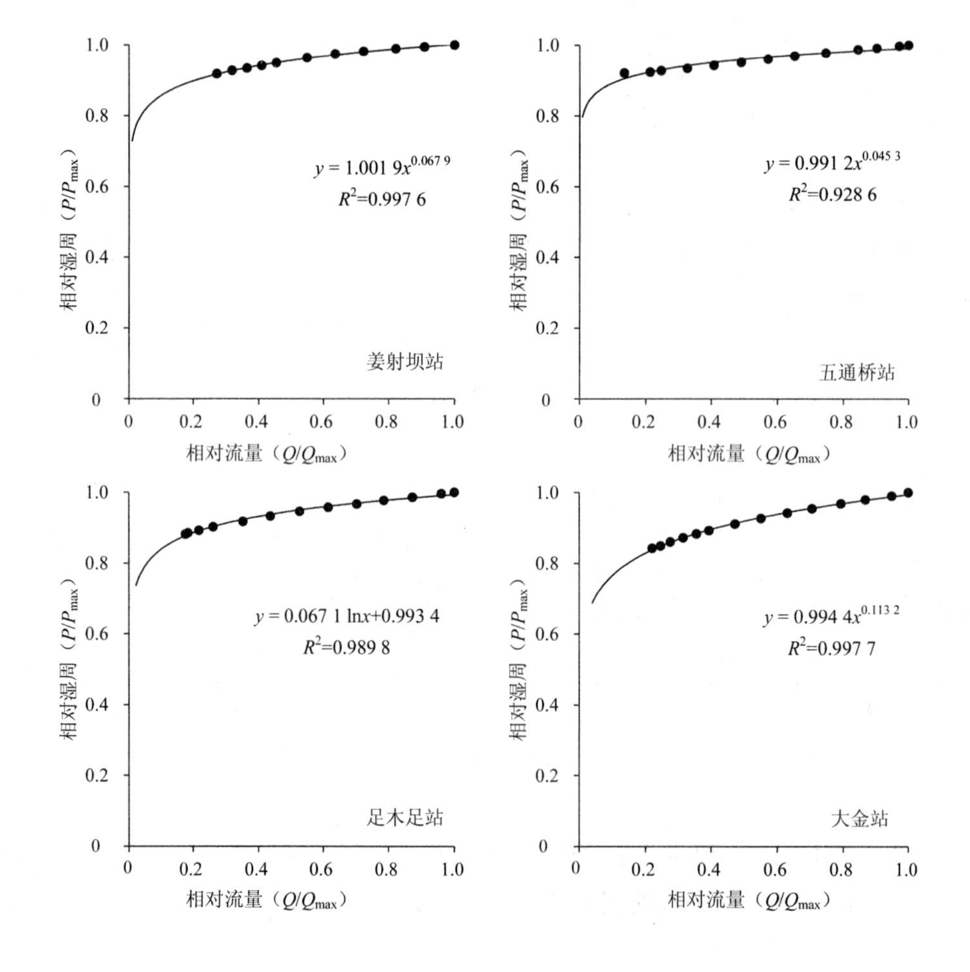

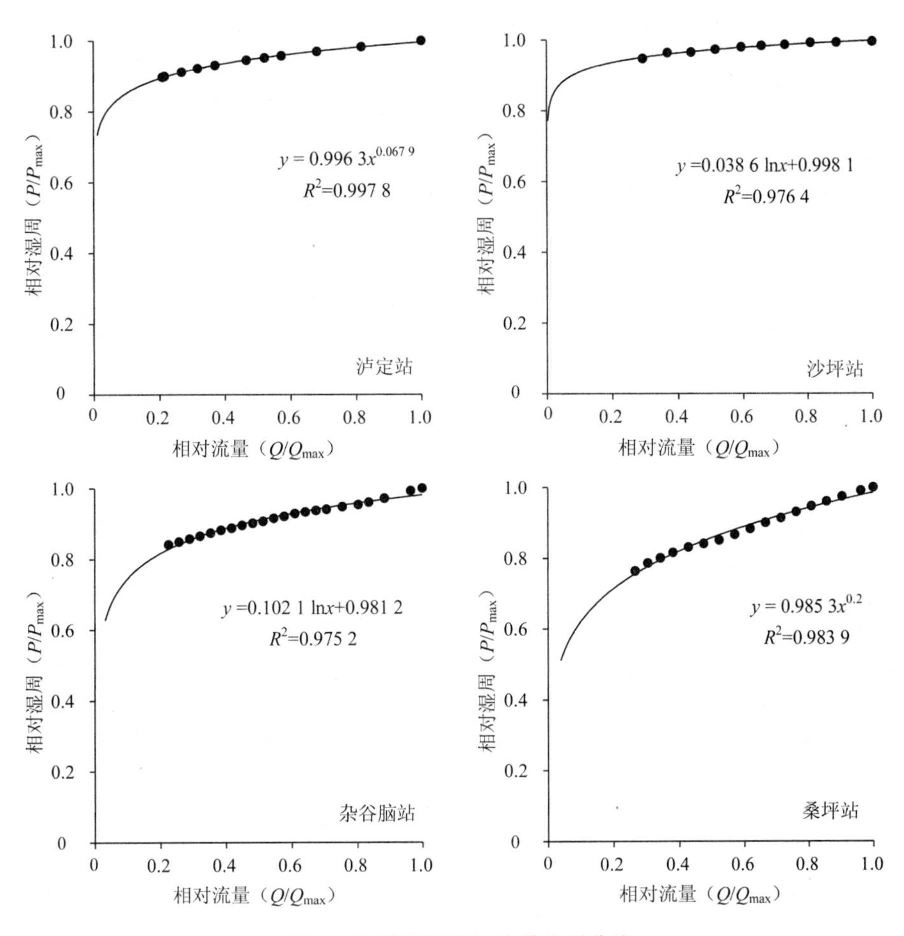

图 4　各断面湿周与流量关系曲线

3.3　转折点确定与对比分析

根据各断面的湿周-流量关系曲线，分别采用斜率法（斜率为 1 的）、曲率法（最大曲率点）和经验法（湿周率 80%对应的点）计算各断面最小生态需水，计算结果见表 3。由表 3 可知，斜率法的计算结果占多年平均流量的比例为 3.9%～13.1%，其中杂谷脑站、桑坪站的比例大于 10%，其余均小于 10%；曲率法的计算结果占多年平均流量的比例为 2.6%～8.0%；经验法的计算结果占多年平均流量的比例为 0.3%～35%。对比分析可知，不同类型断面采用曲率法的计算结果差异最小，采用斜率法的计算结果差异稍大，采用经验法的计算结果最大；斜率法的计算结果均大于曲率法，为曲率法的 1.3～2.1 倍，曲率法计算结果对应的斜率均大于 1，为 1.33～2.0，经验法的部分计算结果大于斜率法和曲率法（如大金站、杂谷脑站和桑坪站），部分计算结果小于斜率法和曲率法（如五通桥站和沙坪站），其余断面的计算结果介于斜率法和曲率法之间。

表 3 斜率法、曲率法和经验法确定转折点计算结果比较

断面	拟合曲线	流量值/（m³/s）						
		多年平均（A）	斜率法（B）	B/A	曲率法（C）	C/A	经验法（D）	D/A
姜射坝	幂函数	220.0	12.3	5.6%	8.0	3.6%	8.0	3.6%
五通桥	幂函数	2 450.0	95.1	3.9%	63.8	2.6%	21.6	0.9%
足木足	对数函数	229.0	15.4	6.7%	10.9	4.8%	12.8	5.6%
大金	幂函数	508.0	43.3	8.5%	26.2	5.1%	74.2	14.6%
泸定	幂函数	886.0	49.3	5.6%	32.0	3.6%	35.0	4.0%
沙坪	对数函数	1 370.0	52.9	3.9%	37.4	2.7%	4.7	0.3%
杂谷脑	对数函数	62.2	6.4	10.3%	4.8	8.0%	10.6	17.0%
桑坪	幂函数	105.0	13.8	13.1%	6.9	6.7%	36.8	35.0%

结合各断面形态来看，斜率法和曲率法的计算结果有一定规律性，抛物线形断面（杂谷脑站、桑坪站和大金站）的计算结果占多年平均流量的比例相对其他形态断面较大，梯形断面（足木足站）的计算结果占多年平均流量的比例次之，三角形断面（五通桥站）或矩形断面（沙坪站）的计算结果占多年平均流量的比例最小；经验法的计算结果规律性不强，不同形态断面的计算结果差异较大。

3.4 湿周法确定最小生态需水的合理性分析

本文采用表 4 的检验标准（结合 R2-CROSS 法和生态水力学法确定），检验不同转折点确定方法所得计算结果的合理性，并探讨湿周法适用的断面形态。鉴于经验法确定的最小生态需水规律性不强，且不同类型断面差异较大，实际应用中误差较大，在此不予检验其结果的合理性，仅对斜率法和曲率法的确定的最小生态需水进行分析检验。表 5 为不同类型断面采用斜率法的计算结果所对应的水力生境参数，表 6 为不同类型断面采用曲率法的计算结果所对应的水力生境参数。

表 4 计算结果合理性检验标准

平均水深/m	湿周率/%	平均流速/（m/s）
≥水面宽度的 1/100，或≥0.30	≥60.0	≥0.30

由表 5 可知，采用斜率法确定转折点时，大金站的计算结果对应的水面宽度为 76.1 m，平均水深为 1.24 m，湿周率为 75.2%，平均流速为 0.46 m/s；沙坪站的水面宽度为 124.1 m，平均水深为 0.86 m，湿周率为 88.6%，平均流速为 0.50 m/s；杂谷脑站的水面宽度为 25.9 m，平均水深为 0.26 m，湿周率为 74.8%，平均流速为 0.95 m/s；桑坪站的水面宽度为 28.4 m，平均水深为 0.64 m，湿周率为 65.6%，平均流速为 0.76 m/s；此 4 个断面的计算结果均满

足表 4 的要求。其余断面的最小生态需水对应的平均流速均小于 0.30 m/s，不满足表 4 的要求。

表 5　斜率法计算结果对应的水力生境参数

断面	多年平均流量/（m^3/s）	最小生态需水/（m^3/s）	水面宽度/m	平均水深/m	湿周率/%	平均流速/（m/s）
姜射坝站	220.0	12.3	73.6	0.63	82.4	0.27
五通桥站	2 450.0	95.1	197	10.13	85.6	0.05
足木足站	229.0	15.4	41.8	1.81	81.2	0.20
大金站	508.0	43.3	76.1	1.24	75.2	0.46
泸定站	886.0	49.3	102.7	2.05	81.9	0.23
沙坪站	1 370.0	52.9	124.1	0.86	88.6	0.50
杂谷脑站	62.2	6.4	25.9	0.26	74.8	0.95
桑坪站	105.0	13.8	28.4	0.64	65.6	0.76

表 6　曲率法计算结果对应的水力生境参数

断面	多年平均流量/（m^3/s）	最小生态需水/（m^3/s）	水面宽度/m	平均水深/m	湿周率/%	平均流速/（m/s）
姜射坝站	220.0	8.0	71.4	0.61	80	0.19
五通桥站	2 450.0	63.8	194	9.68	84	0.03
足木足站	229.0	10.9	40.6	1.65	78.9	0.16
大金站	508.0	26.2	72.0	0.94	71	0.39
泸定站	886.0	32.0	99.9	1.85	79.5	0.17
沙坪站	1 370.0	37.4	122.5	0.61	87.4	0.50
杂谷脑站	62.2	4.8	25.5	0.22	72.4	0.86
桑坪	105	6.9	24.7	0.62	57.2	0.45

结合表 5 和表 6 可知，采用曲率法确定转折点时，不同类型断面的最小生态需水对应的水力生境参数与采用斜率法时相近，但总体较斜率法偏小。与斜率法相比，曲率法的计算结果除在杂谷脑站断面处的平均水深未能满足表 4 的要求外，其余断面的检验结果与斜率法一致。

从上述分析来看，采用湿周法计算不同形态断面的最小生态需水时，并非所有断面的计算结果都能满足检验标准。对于近似三角形或梯形的断面，在确定转折点时不管是采用斜率法还是曲率法，所得计算结果对应的平均流速均不能满足检验标准；而对于近似抛物线形或矩形的断面，采用斜率法确定的最小生态需水所对应平均水深、湿周率和平均流速均能基本满足检验标准。因此，从更好保护河流生境的角度，认为湿周法适用于近似抛物线形或矩形的断面，不适用于近似三角形或梯形的断面。此外，由于曲率法确定的最小生态需水较斜率法偏小，部分断面的水力生境参数可能会低于检验标准（如杂谷脑站）。因此，在实际应用中，为更好保护河流生境，建议采用斜率法（斜率为 1 的点）确定断面湿周与流量关系曲线的转折点。

4 研究结论

本文分析总结了湿周法的基本理论及应用实践成果，在此基础上，以西南山区河流为例，通过收集不同形态的实测大断面及相应的逐日流量、水位等资料，获取各断面湿周与流量关系及其拟合曲线，采用斜率法、曲率法和经验法确定各断面湿周与流量关系曲线的转折点及最小生态需水，并根据不同形态断面的计算结果进一步探讨湿周法的适用性和各转折点确定方法的特点及其计算结果的合理性。主要得到以下研究结论：

（1）采用湿周法计算不同形态断面的最小生态需水，以斜率为 1 的点（斜率法）确定的最小生态需水占相应断面多年平均流量的 3.9%～13.1%，以最大曲率点（曲率法）确定的最小生态需水占相应断面多年平均流量的 2.6%～8.0%；采用斜率法所得的计算结果均大于曲率法，为曲率法的 1.3～2.1 倍；曲率法计算结果对应的斜率均大于 1，为 1.33～2.0。

（2）当断面形态近似为抛物线形或矩形时，以斜率为 1 的点（斜率法）确定的最小生态需水所对应平均水深、湿周率和平均流速均能基本满足检验标准，以最大曲率点（曲率法）确定的最小生态需水偏小，为更好保护河流生境，建议采用斜率法（斜率为 1 的点）确定断面湿周与流量关系曲线的转折点及断面最小生态需水；当断面形态近似为三角形或梯形时，不管是采用斜率法还是曲率法确定转折点，所得计算结果均不能满足检验标准。

（3）经验法（湿周率 80%）确定的最小生态需水占相应断面多年平均流量的 0.3%～35%，不同形态断面的计算结果差异较大，且与断面形态的规律性不强，在实际应用中误差较大。

（4）从更好保护河流生境的角度，认为湿周法适用于近似抛物线形或矩形的断面，不适用于近似三角形或梯形的断面；此适用条件与现行有关规范的规定一致。

参考文献

[1] Jowett I G. Instream flow methods：a comparison of approaches[J]. Regulated Rivers Research and Management，1997，13（2）：115-127.

[2] Tharme R E. A global perspective on environmental flow assessment：emerging trends in the development and application of environmental flow methodologies for rivers [J]. River Research and Applications，2003（19）：397-441.

[3] 杨志峰，张远. 河道生态环境需水研究方法比较[J]. 水动力学研究与进展：A 辑，2003，18（3）：294-301.

[4] 徐志侠，陈敏建，董增川. 河流生态需水计算方法评述[J]. 河海大学学报：自然科学版，2004，32（1）：5-9.

[5] Gippel C J，Stewardson M J. Use of the Wetted Perimeter in Defining Minimum Environmental Flows [J]. Regulated Rivers：Research and Management，1998，14（1）：53-67.

[6] 吉利娜，刘苏峡，吕宏兴，等. 湿周法估算河道内最小生态需水量的理论分析[J]. 西北农林科技大学学报：自然科学版，2006，34（2）：124-130.

[7] 刘苏峡，莫兴国，夏军，等. 用斜率和曲率湿周法推求河道最小生态需水量的比较[J]. 地理学报，2006，61（3）：273-281.

[8] 郭文献，夏自强. 对计算河道最小生态流量湿周法的改进研究[J]. 水力发电学报，2009，28（3）：171-175.

[9] 吉利娜，刘苏峡，王新春. 湿周法估算河道内最小生态需水量——以滦河水系为例[J]. 地理科学进展，2010，29（3）：287-291.

[10] 史芳芳，黄薇. 用改进湿周法计算河道内最小生态流量[J]. 长江科学院院报，2009，26（4）：9-12.

[11] 王庆国，李嘉，李克锋，等. 河流生态需水量计算的湿周法拐点斜率取值的改进[J]. 水利学报，2009年，40（5）：550-555.

[12] 吴持恭. 水力学[M]. 北京：高等教育出版社，1984.

[13] Reinfelds I，Haeusler T，Brooks A J，et al. Setting cease to pump limits or minimum environmental flows [J]. River Research and Applications，2004，20：671-685.

[14] 河湖生态环境需水计算规范（SL/Z 712—2014）[S].

我国筑坝河流（河段）的分类

冯顺新

（中国水利水电科学研究院 水环境研究所，北京 100038）

摘　要：对河流的分类服务于对河流生态需水的研究。单个大坝影响的往往是其上或其下一定长度的局部河段，即随着与大坝距离的增加，筑坝的影响一般逐步减小。从这个意义上说，在生态需水研究中，需对“河段”而非对“河流”（尤其是大型河流）进行分类。为便于分类指导我国各河流的生态需水计算，本文总结了我国筑坝河流（河段）的特征，提出了河段（河流）分类方法。首先，将河流分为山区河段和平原河段，对前者又按河段在水系中的位置细分为上段（源头段）、相邻梯级间自由流动河段、相邻梯级间水库河段；其次，对后者分别按气候区、河段在水系中的位置进行了进一步的细分。同时，本文还初步总结了各河段的特征、易发生态环境问题及生态流调控需求。

关键词：筑坝河流；分类；生态需水

1　研究背景

我国人口众多，人均水资源量相对较小，水资源开发利用率较高，水资源及水环境问题突出；我国水旱灾害较多，能源需求大，河流梯级开发极为普遍，河流上水坝众多，大坝对河流生态系统的干扰及河流生态退化现象十分严重，河流生态修复任重道远。当前，在大中型筑坝河流上开展水库生态调度以营造河流生态保护所需要的人造洪峰，或在中小型河流上释放生态流量尤其是最小生态流量以保障河流的基本生态需求，已成为河流生态修复的重要手段。显然，为进行河流生态流量管理，需要科学地计算河流生态保护所需的

基金项目：重大水利水电工程生态保护技术及标准规范研究（2012BAC06B01）。

作者简介：冯顺新（1973—），男，湖北仙桃人，博士，高级工程师，主要从事水动力、水环境模拟及水工程的生态环境影响研究。E-mail：fengsx@iwhr.com。

流量（及其过程），即生态流量。但我国河流众多，河流的地质、地貌、水文、泥沙、生态环境等情况千差万别，其生态需水量如何确定，这是亟待解决的问题。正因为如此，河流生态需水正成为国内外研究的热点，水库生态调度从理论和实践上都得到了高度重视，河流生态需水的计算方法层出不穷。当前，我国已经出版了部分行业规范或导则[1-2]，以对河湖生态需水的确定进行指导。但从总体上看，当前尚缺乏具有较广泛一般性的河流生态需水确定方法以及权威的、能为各界所广泛承认和接受的确定河流生态需水的技术规范。其症结在于：在研究河流生态需水时，未能找到河流一般性和特殊性之间的平衡点，也即未能从河流生态需水研究的角度，对纷繁芜杂的河流（河段）的类型进行合理的划分，通过"类型"来认可河流（河段）之间的差异性，在各类型之内通过一般的生态需水计算方法处理其共性。只有对筑坝河流（河段）进行合理的分类，在承认河流（河段）类型间生态需水确定方法存在差别的同时，提炼总结对同一类型河流（河段）具有共性的生态需水确定方法，才有望制定出广为接受的指导我国各类筑坝河流进行生态流量管理的技术性文件。

2 我国筑坝河流（河段）的分类标准

我国国土面积大，流域（河流）的跨幅很大，不少大型河流都发源于青藏高原，跨越具有不同地貌形态的区域，最终形成广阔的平原后入海。我们对河流分类的目的是服务于对生态需水的认识。在有梯级水库的情形下，单个大坝影响的一般是其上或其下一定长度的局部河段。从这个意义上说，需要进行的是对"河段"的分类，而非对"河流"（尤其是大型河流）的分类。

对河流分类的研究早已有之[3-5]。本研究关注的是筑坝河流的生态需水。陈敏建和王浩[6]对中国分区域生态需水进行了研究，认为按照区域的生态需水类型，我国可分为内陆干旱区、半湿润半干旱区、北方湿润地区和南方湿润地区，并给出了各区域相应的降水条件、水循环特点、生态效应、生态需水类型及其分析与定量的方式，见表 1。

表 1 中的分类本质上是依据大型河流下游所处平原地区的需水情况来作的分类。鉴于我国大江大河下游基本均为平原，表 1 中的认识有利于我们正确地认识平原河流生态需水特征的不同。但仅有表 1 中的分类是不够的，因为大坝一般均处于河流上游的山区河段上，非平原地带河流的生态同样被影响和需要保护。举例来说，三峡水库库区、位于宜宾和重庆之间的长江上游珍稀特有鱼类保护区河段、澜沧江、雅鲁藏布江等河段的生态环境保护需求均很强烈，而这些河流（河段）不能依据陈敏建和王浩[6]所设定的标准进行划分。

表 1　区域生态需水类型分析[6]

区域类型	降水条件	水循环特点	生态效应	生态需水类型	分析与定量方式
内陆河干旱区	$P<200$ mm	山区产流、平原耗散，蒸发很强	$P<E_t$，非地带性植被；平原陆地植被生态与水体生态用水同源	沿河湖以绿洲为核心的植被生态系统需水与部分河湖水量	以生态面积、需水定额、水量(体积)表达；属多参数为问题
半湿润半干旱区（黄河、海河、淮河、辽河）	300 mm$<P<$600 mm	径流系数小于 0.3，地表-地下水转化频繁	$P>E_t$，地带性植被；P-R 关系不稳定，径流系数下降；地表水地下水转化关系逆转	河湖与地下水连通系统的整体生态需水，包括河道生态流量、相应地下水位	河道生态流量、相应地下水位、湖泊生态水位、湿地范围与水量；属多参数问题
北方湿润地区（松花江）	400 mm$<P<$900 mm	蒸发较弱，径流系数大于 0.4	$P>E_t$，地带性植被；枯水年大范围出现低水径流，地下水补给能力充分；湿地消退	维持地表水体水生态系统的生态流量、湿地生态	河道生态流量，湖泊、沼泽生态需水；属多参数问题
南方湿润地区（长江以南）	$P>800$ mm	径流系数大于 0.5	$P\gg E_t$，地带性植被；枯水期水体生态系统服务功能	维持河流生态服务功能最大化的流量	枯水期河道生态流量；属单参数问题

王苏民和窦鸿身[7]、毛飞等[8]以及夏军等[9]根据河流水流的补给条件将河流划分为八大类型：①东北地区以雨水补给为主，并有季节性冰雪融水补给的河流；②华北地区以雨水或地下水补给为主，并有少量季节性冰雪融水补给的河流；③内蒙古、新疆部分地区雨水补给的河流；④西北高山地区永久性冰雪融水或季节性冰雪融水补给及雨水补给的河流；⑤华中地区以雨水补给为主的河流；⑥东南沿海地区和岛屿有台风雨水补给的河流；⑦西南地区雨水补给为主的河流；⑧青藏高原地区永久性冰雪融水补给和地下水补给的河流。这种分类涉及了高原和平原河流的区别，但仍未能区分同一河流的高原及平原河段，从而对筑坝河流生态需水调控而言仍不够。

河流的生态特征除受河流的历史演化影响外，主要受河段所处的地理位置（纬度、高程）、地貌、气候、水文，以及河段在水系中相对位置的影响。由顶向下，可按如下规则对河段进行分类：

（1）河段属于山区河段还是平原河段？是山区河段还是平原河段，这可认为是河段之间首要的区别，二者所具有的地貌、河流形态、水文、河床底质、地表水和地下水交换关系、水陆生物及其分布都有显著的不同。

（2）河段属于哪个气候区？内流河段一般处于干旱区，其地表水和地下水之间的关系往往表现为沿程以地表水对地下水的补给为主，从而径流是沿程损耗的，而外流河依据所处气候区的不同，地表水和地下水之间的相互补给关系较为复杂。此外，外流河还有入海的河口生态问题。

（3）河段在水系中处于什么位置，河段进出口间的相对关系如何？对山区河流而言，源头段和源头以下河段的生态特征、生态问题、生态保护思路有较大的不同；对平原河流而言，由于与上游山区段、下游河口、人类耗水区域等相对位置的不同，河流的生态特征、所受胁迫程度、生态环境保护目标也不同。

基于以上规则进行分类后，每个类别内的河段在河流地貌特征、生态特征、生态问题等方面具有较大的共性，有可能适用具有一般性的生态需水计算方法。

3 我国筑坝河流（河段）的分类

表2给出了基于上述规则对我国筑坝河流（河段）的分类。表中还同时对各类河段易发的生态环境问题进行了初步的总结。

对山区河流而言，我们认为其可被划分为源头段及源头以下河段。这里的“源头段”是一个泛指，主要指干流第一个梯级以上的河段。对源头段以下的河段，应区分为以下两种：①相邻梯级间具有自由流动段的河段；②相邻梯级间尾水衔接的水库河段。前者如长江上游向家坝至三峡大坝之间的河段，对这类河段，由于自由流动段的存在，河流生态功能、保护目标、生态流量泄放方式等都与后者有很大不同，这类河段是重点保护河段。

平原是人类社会人口集中、重点发展的精华区域，平原地区对水资源的消耗巨大，人类社会对水资源、水环境和水生态的胁迫十分严重。人类社会对水资源的需求和气候协同作用，影响河道内的径流（从而影响河道内的水生生物），并进而影响地表水和地下水的交换关系（从而影响河岸带及河岸湿地）、河道内径流与同河道有连通关系的湖泊、湿地间的侧向连通关系。在不同气候区以及在水系中处于不同位置的河段，这种特征及其引发的生态环境问题、生态保护需求也不同（表2），在此不再赘述。

4 结论

本文提出了我国筑坝河流（河段）的分类，认为可从河段地貌（山区/平原河流）、气候区、在水系中的位置等几个层面对我国筑坝河流（河段）进行分类，并针对各类河流（河段）提炼具有共性的河道生态需水计算方法。该分类可为制定河道内生态需水计算相关技术规范提供参考。

表 2　我国筑坝河流（河段）分类

	地貌及气候分异		水系中的位置	河流（河段）特征及典型河流（河段）	易发生态环境问题及生态流调控需求
河流（河段）	山区河段		上段（源头段）	河流的源头段，一般位于青藏高原，多为“V”形河谷，水温较低，有冷水性鱼类，无大坝阻隔；典型河流（河段）如长江、澜沧江及雅鲁藏布江上游	珍稀特有鱼类及其生境容易遭受破坏； 对珍稀或特有的冷水性鱼类的保护通常是保护重点
			相邻梯级间自由流动河段	山区河流源头以下河段中，相邻大坝距离较远，下一大坝的回水未及上游大坝坝址，保留有一定长度的自由流动河段；典型河流（河段）如长江的三峡水库库尾至向家坝河段	鱼类生境及关键环境因子、河岸植被等易遭受破坏； 生态流调控往往需满足生境维持、塑造的要求，需保持敏感生态区的功能，需维持良好的水文水质条件，乃至需维持一定的航运条件
			相邻梯级间水库河段	山区河流上筑坝后所形成的水库河段；典型河流（河段）如金沙江向家坝、溪洛渡水库河段或长江三峡水库河段	鱼类生境被淹没，库湾、支流可能发生富营养化现象，库水位变动容易导致滑坡加剧，消落带可能会引发新的生态环境问题； 生态流调控需尽量发挥鱼类关键生境的功能，缓解水华现象，减小滑坡的风险及消落带的环境风险
	平原河段	干旱区	上段	干旱区河流从山区出山口以后一定距离内的河段，绿洲及河谷植被需水依赖径流补给；典型河流如塔里木河平原段	河流出山口处往往有城市和灌区，人类社会用水对生态环境造成强大压力，沿程绿洲和河谷林需要径流维持。 生态流调控需维持河谷附近一定的地下水位，并满足河谷植被繁衍生息所需的敏感水分条件
			中段	干旱区河流平原河段的中部，具有非地带性植被，沿程存在以绿洲以及河谷林为核心的植被生态系统，绿洲及河谷植被需水依赖径流补给	非地带性植和绿洲需要径流来维持，径流不足容易引发本地底下水位不足以及尾闾河段的生态环境问题。 生态流调控需保证河谷林及绿洲所需生态用水量、人类社会用水量，并为尾闾河段保持一定的水量
			下段（尾闾段）	干旱区河流平原河段的尾闾段，径流沿程减小，存在尾闾湖泊	尾闾部位的湖泊需要一定量的径流来维持；径流不足将导致湖泊干涸； 生态流调控需保证尾闾湖泊有足够的水量而不致萎缩。
		半湿润半干旱区	上段	出山口以后的河段，径流相对充沛，地表-地下水转换频繁，径流沿程损失；典型河流（河段）如黄河花园口以下河段	水量沿程消耗，横向连通易受破坏，过境水量容易被过度取用； 生态流调控需保证河道外用水、横向连通以及足够的过境水量

		地貌及气候分异	水系中的位置	河流（河段）特征及典型河流（河段）	易发生态环境问题及生态流调控需求
河流（河段）	平原河段	半湿润半干旱区	中段	平原河流中段，河流两侧经济发达，河湖连通需水以及生活/生产需水量大，径流减小强烈，地表径流补给地下水；典型河流（河段）如黄河的河南、山东段	河道外需水量大，横向连通易受破坏；入河污染物量大，水污染严重，导致水质型缺水；维持下游河道水资源、水环境及水生态需求的过境水量往往得不到保证。 生态流调控需保证河道外供水、横向连通，以及释污所需的正常水量；需保证有满足下游需求的足够的过境水量
			下段（河口段）	入海河段河床比降小，河口有较广泛的湿地，有湿地保护要求；典型河流（河段）如黄河河口段	河道外耗水量大，入海流量往往难以满足，河口湿地用水易受影响；存在咸水入侵的风险。 生态流调控需保证入海的最小流量，保证河口湿地生态用水，在有需求的情况下抑制咸水入侵
		北方湿润区	上段	暂略	
			中段	暂略	
			下段（河口段）	暂略	
		南方湿润区	上段	山区河段最下游梯级以下一定长度的平原河段；由于汇入的径流还不够大，本河段较直接地受上游水库调度的影响；连通关系以地表水连通为主；典型河流（河段）如长江之葛洲坝—城陵矶河段	鱼类关键生境及关键环境因子易遭破坏，如水文节律改变，低温水及溶解气体过饱和水体下泄，清水下泄等问题；洪水期河岸稳定问题突出，需维持一定的航运条件；由于河床冲刷，水生生物生境演变频繁，易遭破坏。 生态流调控需保护鱼类，减小洪水期河岸失稳风险，保护水生生物生境，保证航运所需水流条件，并维持滩槽连通以及干流与附属水体的连通（河湖连通）
			中段	平原河流的中段；水系较为发达，河湖水系连通密切，以地表水连通为主；由于汇流众多，上游水库对本河段的影响减弱，但侧向连通要求较高；典型河流（河段）如长江之城陵矶—大通河段	上游水库对本河段的影响逐渐变小，但本区域一般为经济社会发展的精华区，水资源压力大，水污染易发；在洪水期河岸易失稳（如发生崩岸），河湖连通关系破坏对产生较大影响。 生态流调控需促进河湖连通，缓解水资源问题；需减小河岸失稳的风险；需应该突发的水质事件；需保证枯水期航运所需的水文水动力条件等
			下段（河口段）	平原河流的下游及河口段；河道宽、直，河口有湿地或造陆现象，由于有时会发生咸水入侵，有防止咸水入侵的水质保护要求；典型河流（河段）如长江之大通以下河段、珠江口河段等	水量不足或水文节律变化、来沙减小可能影响河口湿地；大潮或者上游来水不足时可能发生咸水入侵，影响取水。 生态流调控需减缓筑坝对河口湿地的影响，在咸水入侵影响取水时，需要通过调度，以淡压咸

注：因山区河流共性较大，在这里未作进一步的细分。

参考文献

[1] 中华人民共和国水利部. 河湖生态需水评估导则（试行）（SL/Z 479—2010）[S]. 北京：中国水利水电出版社，2010.

[2] 中华人民共和国水利部. 河湖生态环境需水计算规范（SL/Z 712—2014）[S]. 北京：中国水利水电出版社，2014.

[3] 钱宁，张仁，周志德. 河床演变学[M]. 北京：科学出版社，1987.

[4] 倪晋仁，高晓薇. 河流综合分类及其生态特征分析 I：方法[J]. 水利学报，2011，42（9）：1009-1016.

[5] 倪晋仁，高晓薇. 河流综合分类及其生态特征分析 II：应用[J]. 水利学报，2011，42（10）：1177-1183.

[6] 陈敏建，王浩. 中国分区域生态需水研究[J]. 中国水利，2007（9）：31-37.

[7] 王苏民，窦鸿身. 中国湖泊志[M]. 北京：科学出版社，1998.

[8] 毛飞，孙涵，杨红龙. 干湿气候区划研究进展[J]. 地理科学进展，2011，30（1）：17-26.

[9] 夏军，高扬，左其亭，等. 河湖水系连通特征及其利弊[J]. 地理科学进展，2012，31（1）：26-31.

锦屏大河湾鱼类产卵保护的生态流量过程下限研究

李　洋[1]　陈凯麒[2,3]　彭文启[1]　吴佳鹏[1]

（1. 中国水利水电科学研究院，北京　100038；2. 环境保护部环境工程评估中心，北京　100012；
3. 水电环境研究院，北京　100012）

摘　要：筑坝建库引起的水文情势变动是影响河流生态系统的主要驱动因子，因此，坝下鱼类产卵的生态流量是近年来的研究重点。本文基于鱼类繁殖全类型和全过程（鱼类性腺发育期、产卵期和仔稚鱼发育）保护，建立了鱼类产卵保护的水文指标框架，拓展了鱼类产卵保护生态流量过程的时间纵向深度，构建了鱼类产卵保护的生态流量过程下限研究方法。针对雅砻江锦屏大河湾减水河段鱼类产卵保护需求，依据筛选出的目标鱼类（裂腹鱼类和圆口铜鱼）繁殖习性，提出了汛期启动期的鱼类产卵保护的下泄生态流量过程建议，为鱼类产卵保护区域大坝的生态调度提供了依据。

关键词：鱼类产卵；生态流量过程；圆口铜鱼；裂腹鱼类；锦屏大河湾

1　前言

人类筑坝行为严重干扰了河流生态系统和河流生物多样性[1]，水文情势变动是影响坝下河流生态系统的主要驱动因子，因此，河流生态流量是当前的河流栖息地保护研究的重点，目前生态流量研究的主要方法包括历史流量水文学法、水力学定额法、生物栖息地法和整体分析法[2]，鱼类作为河流生态系统中承上启下的重要组成部分，其多样性的变化能够体现河流系统的健康状况[3]。鱼类产卵场在“三场一通道”中最敏感脆弱，因此鱼类产卵保护也成为近年来栖息地保护的工作重点。

国内生态流量研究工作较为翔实的有三峡、葛洲坝的中华鲟和“四大家鱼”（青鱼、草鱼、鲢鱼、鳙鱼）以及长江上游的裂腹鱼类。蔡玉鹏等基于前人研究，采用以河道内流量增量法（IFIM），利用二维水力学模型计算了中华鲟产卵的生态流量，并提出产卵场保护要考虑整个水文过程、种群数量、食卵鱼资源量等影响[4-6]。王玉蓉在满足锦屏大河湾裂腹鱼类流速、水深、水面宽等水力生境需求基础上，模拟得出下泄 45 m^3/s 流量[7]。随着研究的深入，鱼类产卵的生态流量过程研究逐步展开。Poff 等基于水文情势变动的栖息地生态响应回顾了生态需水的科学和管理问题[8]。Wen-Ping Tsai 等利用自开发的 TEIS 模型和 MOPS 系统研究了鱼类对流量过程变动的响应关系[9]。Ali 等基于灌溉区湿地和湖泊生态流量需求构建了生态流量过程线[10]。Keith 等国内“水电生态红线”[11]的提出为水电水利工程下泄生态流量过程提供了指导[12]。胡和平等提出了生态流量过程线的定义，是满足下游各生态环境需要的流量过程范围[13]。陈求稳采用包括自创的 C&A 水力学模型在内的一维、二维耦合栖息地模型计算适宜条件下裂腹鱼类栖息地面积，并给出了锦屏月均生态流量过程线[14]。张志广等选用日涨水率和日落水率两个生态水文因子，构建了裂腹鱼栖息地生态水文学指标，并应用于实践[15]。李洋等基于锦屏水电站下圆口铜鱼产卵需求，利用改进 R2-CROSS 法确定了生态基流量为 298 m^3/s，并给出了鱼类产卵保护的下泄流量过程建议[16]。

综上所述，国内基于鱼类产卵场保护的生态流量研究虽起步较晚，但取得了较大的成果。但因认识和客观条件所限等方面原因，坝下河流生态流量研究保护目标设置多较为单一，以鱼类保护方面来说，主要以河流重点保护鱼类和主要经济型鱼类为主，从鱼类产卵场保护的角度出发，需进一步考虑鱼类繁殖生态学中鱼类繁殖种类，否则有可能激化坝下河流鱼类种群类型向静水型鱼类转变的河流生态系统的剧变。此外，鱼类性腺发育成熟是鱼类产卵行为的内源必要条件，早期发育阶段成活率直接关系到鱼类的年际补充量的大小，是引起种群数量变动和年龄结构变化的主要原因[12-13]。现阶段，鱼类产卵保护生态流量研究主要关注产卵适宜性条件中的水文、水动力需求，多忽略鱼类性腺发育和仔稚鱼发育的生态流量过程。

2 研究原理与方法

2.1 研究原理

（1）鱼类繁殖类型

鱼类繁殖习性是鱼类为最大限度保护自身种群延续，在长期适应周遭环境的基础上形成的，不同种类的鱼类繁殖习性不同。除了特殊种类的鱼类，鱼类产卵类型主要分为浮性卵、沉性卵和黏性卵，沉性卵还包括漂流性卵，其中，陆地流域鱼类，即淡水鱼类产卵类型主要以沉性卵和黏性卵为主。

（2）时间尺度

除了关注鱼类产卵时水文、水力学条件，有必要基于鱼类繁殖生物学研究拓展鱼类产卵场生态流量过程线的时间尺度。按时间顺序排列，时间尺度应包括鱼类产卵前的性腺发育最后阶段、产卵适宜性条件和鱼类仔鱼孵出三个阶段。结合鱼类繁殖种类划分，各个阶段的关注重点见表1。

表1　鱼类产卵保护三个阶段及其关注重点[17]

产卵保护阶段	关注重点
鱼类产卵前的性腺发育期	“泡漩水”和二次流。某些鱼类，比如部分产漂流性卵的短程洄游鱼类，其性腺发育最后阶段的Ⅴ～Ⅵ期需要水流和水位涨跌刺激
产卵期	①“泡漩水”和二次流。需要水流和水位涨跌提供产卵信号，位于性腺发育的下一水位涨跌时段。 ②水流增大，有利于上游物质向下游输运，为鱼类产卵行为提供充足食物来源。 ③水位上涨连通河流洪泛区，为沉黏性鱼类产卵提供场地和保护。水位下降，产卵场与河流隔断，有利于鱼卵孵出发育
仔鱼孵出期	①漂流性卵需在下游漂流过程中发育，对水流流速有需求。 ②沉黏性卵附着在石缝或挺水植物上，对产卵场水流流速上限要求，不宜过大

（3）生态水文指标及其表征

生态水文指标的建立应能表征产卵保护时段及相应关注重点。Richter等创立的水文改变指标（Indicators of Hydrologic Alteration，IHA），为近年来河流水文情势变动研究奠定了坚实的基础，该指标涵盖了33个水文指标以评估河流生态健康，主要包括涵盖量（Magnitude）、时间（Timing）、频率（Frequency）、延时（Duration）和变化率（Rate of Change）5个方面的水文特征[18]。韩仕清等选择日涨水率、日落水率、持续涨水时间、持续落水时间、一个完整的涨落水周期5个指标，来定量表征目标鱼类生境的生态水文特征[19]。段辛斌等选取了7个生态水文指标进行分析，包括洪峰过程数、洪峰的初始水位、水位的日上涨率、断面初始流量、流量日增长率、涨水持续时间和前后两个洪峰过程的间隔时间等相关指标[20]。基于前人研究基础，结合上文鱼类产卵保护时段尺度，本文确定了以下生态水文指标框架，见表2。

表2　鱼类产卵保护的生态水文指标框架

指标名称	意义表征
生态流量	①鱼类产卵期所需流量底线； ②与岸边带、洪泛区联系，提供和扩大鱼类产卵场面积和提供充足食物
涨水初始日期	与目标鱼类产卵启动时间相契合，应与鱼类产卵适宜水温发生时间统一
涨水发生时间	考虑鱼类产卵遮光喜好

指标名称	意义表征
涨水过程发生次数	①考虑部分鱼类产卵前性腺发育期和产卵期的“泡漩水现象”； ②考虑分批产卵和连续产卵鱼类的产卵需求； ③尽量与自然状态下涨水次数一致
涨水水位变动	①刺激部分鱼类性腺最后发育； ②传递鱼类繁殖信号； ③满足鱼类精卵结合的水动力需求
涨水持续时间	①满足漂流性鱼卵漂流发育时间需求； ②满足连续产卵鱼类的时间需求

2.2 研究方法

（1）目标鱼类筛选

目标鱼类应包含各繁殖类型。若前期调查确定的重要保护和主要经济鱼类未能覆盖全繁殖类型或鱼类繁殖全时段，应进行目标鱼类筛选。筛选方法主要基于鱼类产卵类型及其产卵时间段，筛选结果应尽量包裹鱼类繁殖全类型和全时段。对于坝下鱼类产卵场保护来说，应重点关注产漂流性卵鱼类。

（2）各目标鱼类产卵适宜水文过程线阈值范围研究

在确定了目标鱼类的基础上开展水文过程阈值范围研究。水文过程阈值范围研究的时间尺度即为上文提到的鱼类性腺发育期、产卵期和仔鱼孵出三个阶段。研究方法应结合实际情况选择适宜方法，具体选择如下：

①目标鱼类产卵水文、水力学条件研究完备情况下，可汲取前人研究成果，完善性腺发育和仔稚鱼发育部分成果。

②在具有目标鱼类繁殖学研究基础，无水文、水力学条件研究情况下，可汲取生态流量研究方法：水文学法、水力学法、栖息地保护法和整体分析法。

③在目标鱼类无研究基础的情况下，可采用 RVA 包络法统计水文数据替代进而完善水文过程线。

（3）水文过程线拟合

不同目标鱼类产卵的水文过程线拟合原则应以保证鱼类繁殖水文过程的基础上兼顾水量最大原则。借鉴生态调度水文过程线成熟方法，如线性规划、动态规划或智能算法，如人工神经网络等。

3 研究区域概况及研究目标筛选

3.1 研究区域概况

锦屏一级、二级水电站位于四川省西南部凉山彝族自治州盐源县和木里县境内，锦屏一级属于年调节电站，于2005年11月正式开工，2006年12月截流并于2012年年底开始蓄水，坝址位于盐源县与木里县交界的普斯罗沟（101°37′E，28°10′N），锦屏二级水电站是对锦屏一级水电站进行反调节的日调节引水式电站，主体工程于2007年1月正式开工并于2012年年底正式发电，其闸址位于一级坝址下游7.5 km的猫猫滩（101°38′E，28°15′N），厂址位于锦屏大河湾东端大水沟处（101°47′E，28°08′N），从而在大河湾西边闸址与东边二级坝址之间形成约119 km的减水河段，具体情况如图1所示。

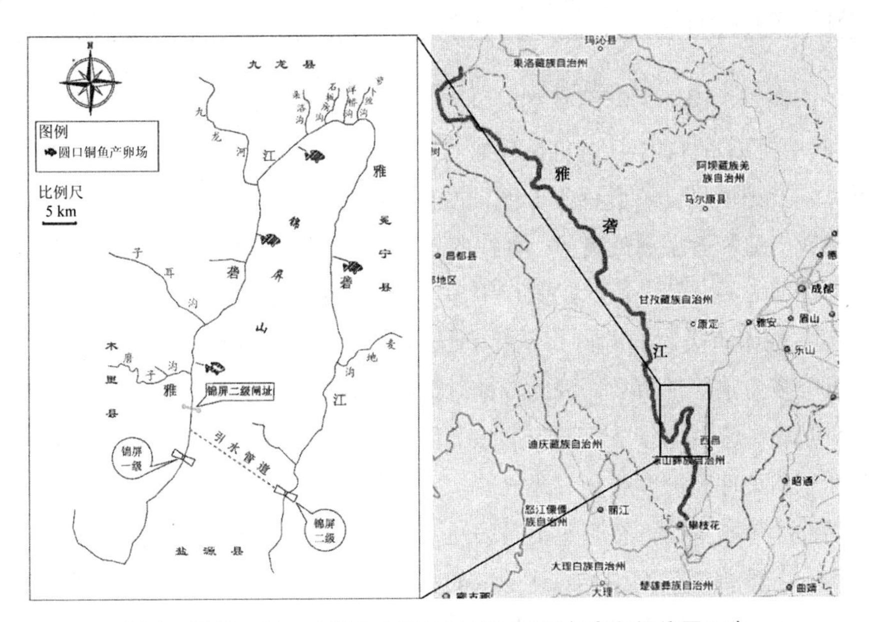

图1 锦屏一级、二级水电站地址及圆口铜鱼产卵场位置示意

3.2 研究区域鱼类筛选

锦屏一级、二级水电站建设运营前后，有关研究人员已进行了数次鱼类资源量调查，汇总见表3。

表 3　锦屏大河湾段鱼类资源调查结果[21, 22]

来源	年份	调查结果
雅砻江鱼类调查报告	1985	鱼类 72 种，加上前人早期记录作者没有采集到的 17 种，雅砻江鱼类有 89 种
雅砻江下游地区的鱼类区系和分布	1996	在雅砻江小金河口至河口（含小金河的南部地区）的下游地区干支流及邛海、彝海及泸沽湖调查到鱼类 94 种，结合有关资料整理得出鱼类 118 种和亚种
锦屏一级水电站环境影响报告书	2003	锦屏一级水电站工程及下游河段有鱼类 46 种
锦屏二级水电站水生生态影响研究专题		雅砻江大河湾段（锦屏一级坝址至二滩水库库尾）实际分布的鱼类有 38 种，其中 2004 年数次渔获物 16 种
锦屏二级水电站施工期水生生态调查报告（第一期）	2012	共有 47 种列入调查鱼类名录，其中 32 种为确定依据为采集到，15 种为资料记载
锦屏二级水电站施工期水生生态调查报告（第二期）	2014	共有 36 种列入调查鱼类入录，其中 22 种为确定依据为采集种，14 种为访问存在种
四川省雅砻江锦屏二级水电站工程竣工环境保护验收调查报告	2016	共有 38 种鱼类分布于调查河段，其中采集种类 17 种，走访调查到种类 21 种

综合历次调查，锦屏大河湾减水河段有 53 种鱼类分布或可能仍有分布，分属 5 目 10 科 37 属，其中鲤形目 34 种，占鱼类种数的 61.2%；鲇形目 16 种，占鱼类种数的 30.2%；其余鲱形目、合鳃鱼目、鲈形目各 1 种。生态习性方面，体形均较小，多具有适应急流水生境的形态或构造和善游泳的特点，食性各异。繁殖习性方面，该流域鱼类包括漂浮性卵、沉性卵和黏性卵 3 种，其中，除了圆口铜鱼、长薄鳅和犁头鳅 3 种产漂流性卵鱼类外，其余均为产沉黏性卵鱼类。而除圆口铜鱼和长薄鳅因生长和繁殖的需要有较长的洄游距离外，其他鱼类多为定居性鱼类，因此，针对沉黏性鱼类来说，雅砻江大河湾段没有严格的索饵场、产卵场、越冬场分布[23]。依据鱼类保护等级和经济重要性，筛选了锦屏大河湾主要鱼类及其产卵条件和产卵类型，见表 4。

产沉黏性卵鱼类方面，裂腹鱼类是长江上游重要经济的冷水性鱼类，已列出的裂腹鱼类 1 属 5 种，占雅砻江鱼类种类综述的 6.41%，其中的细鳞裂腹鱼是四川重要保护鱼类。产漂流性卵鱼类方面，选择圆口铜鱼作为目标鱼类。圆口铜鱼是长江中上游特有的重要经济鱼类，根据表 2 可知，其产卵条件较长薄鳅严苛，水利部中科院水工程生态所 2007 年监测结果表明，二滩水电站修建后，圆口铜鱼产卵场较 1998 年时位置上移，主要分布于巴折乡-健美乡之间 130 km 江段，具体情况见图 1，而 2012 年 8 月的调查显示有圆口铜鱼渔获物但未监测到产卵场。此外，锦屏大河湾段已经开展了长薄鳅的人工增殖放流工作。

综上所述，选取裂腹鱼类（沉黏性卵）和圆口铜鱼（漂流性卵）作为锦屏大河湾段鱼类产卵场保护背景下的生态水文过程线研究的目标鱼类。

表 4 锦屏大河湾主要鱼类产卵适宜性条件和产卵场特征[24-31]

产卵类型	种类名称	产卵季节	水温/℃	流速/（m/s）	水位涨跌/（m/d）	仔鱼孵出时间/h	产卵场特征	备注
沉黏性	短须裂腹鱼		11～14，适宜 13.6	0.22～1.60		192	产卵场比较分散，对应的水力学特征是较急流和较缓流的区段	
	长丝裂腹鱼		适宜 15～16			189		
	细鳞裂腹鱼		10.4～22.8，适宜 17			124		
	四川裂腹鱼	3—4 月	11～21，适宜 16.35			180		夜间有沙地筑窝习惯
	松潘裸鲤		9.7～16.6，适宜 17			150		
	鲈鲤	4—5 月				164	流水乱石滩上，其底质多为砾石，较急流的区段	
	墨头鱼	3—4 月	13～17			84		
漂流性	圆口铜鱼	4—7 月，高峰 5—6 月	16.9～29.5，适宜 20～24	2～3	5.7，高峰期 19.5	56	急缓相间，深潭与浅滩交叉区域	无急流刺激，性腺发育停止，甚至出现退化迹象
	长薄鳅	4—6 月	22.0～23.5			34		

4 鱼类产卵期生态水文过程线研究

锦屏二级引水电站试运行后，汛期启动期的 3 月、4 月份流量以下泄生态流量为主要组成部分，随着汛期的到来，上游来水流量增大，但由于锦屏二级电站加大引水发电量，削减了丰水期月均流量，特别是圆口铜鱼产卵高峰期的 5—7 月，分别仅为自然状态下上游来水量的 35.5%、19.1%和 37.2%，会极大影响圆口铜鱼产卵场，可能造成产卵场破碎化，甚至消失，亟待开展鱼类产卵期生态水文过程线研究。

4.1 圆口铜鱼

在资料收集和专家问询研究基础上，确定圆口铜鱼产卵适宜基础条件。根据改进 R2-CROSS 法确定圆口铜鱼产卵生态流量底线，见表 5。

表 5 改进 R2-CROSS 法确定圆口铜鱼产卵生态流量[32-33]

流速/（m/s）	湿周率/%	水位上涨/cm
2	≥90	≥70

水利部中国科学院水工程生态研究所圆口铜鱼早期资源监测，在减水河段区间确定了4个圆口铜鱼产卵场（图1），结合华东院实测的107个大断面，在4个产卵场河段各选取一个大断面作为产卵场的特征断面。在满足4个断面产卵下阈值条件的情况下，确定生态流量底线为298 m^3/s；基于前期IHA&RVA研究成果，锦屏大河湾历史数据表明，4—7月发生大规模涨水的平均次数为3.8次；圆口铜鱼鱼卵孵出时间为54 h，因此初步确定涨水持续时间为3 d[33]。由此可得，圆口铜鱼产卵生态水文指标值见表6。

表6　圆口铜鱼产卵生态水文指标

指标名称	生态底线流量/（m^3/s）	涨跌初始日期	涨水发生当日时段	涨水过程发生次数	涨水水位变动/（cm/d）	涨水持续时间/d
指标数值	298	4月中下旬	无要求	4	5.7，高峰19.5	3

结合锦屏水文站日平均水温数据和圆口铜鱼产卵的水文水力学需求，在不考虑锦屏二级闸址向减水河段弃水的情况下，结合生态基流量下泄方式，确定汛期生态流量下泄方式见表7。

表7　圆口铜鱼产卵场保护背景下生态流量过程下限

月份	3月	4月	5月	6月
下泄流量	平均下泄流量45 m^3/s	4月中旬、下旬，10 d平均下泄200 m^3/s，第5 d达到最大流量298 m^3/s，持续3 d，2 d后恢复为生态流量，其余天数45 m^3/s	5月上旬、下旬各一次，10 d平均下泄200 m^3/s，第5 d达到最大流量298 m^3/s，持续3 d，2 d后恢复为生态流量，其余天数45 m^3/s	6月上旬，10 d平均下泄200 m^3/s，第5 d达到最大流量298 m^3/s，持续3 d，2 d后恢复为生态流量，其余天数45 m^3/s

注：表中下泄流量未考虑水库本身弃水。

4.2　裂腹鱼类

裂腹鱼类多为一次产卵鱼类，产卵期在3—4月，其中高峰期为4月上旬，裂腹鱼类产卵适宜水温条件的发生也主要集中在该时段，因此涨跌初始日期应定在3月上旬，涨水次数规定为3次为宜；陈求稳[14]推荐了锦屏大河湾裂腹鱼类产卵生态流量3月为90 m^3/s，4月为238 m^3/s；张志广[15]研究得出裂腹鱼类产卵期日涨水率适宜范围为0.005～0.015，且涨水时间持续为10 d左右；陈永祥[34]指出四川裂腹鱼有集群行为，雄鱼夜间筑窝后排精，涨水发生当日时段暂时安排在凌晨时段，后续需要深入研究验证。裂腹鱼类产卵生态水文指标见表8。

表 8 裂腹鱼类产卵生态水文指标

指标名称	生态底线流量/(m^3/s)	涨跌初始日期	涨水发生当日时段	涨水过程发生次数	涨水水位变动/(cm/d)	涨水持续时间/d
指标数值	90(3月),238(4月)	3月上旬	凌晨时段	3	1.5,高峰为5	10

在不考虑锦屏二级闸址向减水河段弃水的情况下,结合生态基流量下泄方式,确定汛期生态流量下泄方式,见表9。

表 9 裂腹鱼类产卵场保护背景下生态过程下限

月份	3月	4月
下泄流量	3月上旬开始,10 d 持续上涨到 90 m^3/s,2 d 后恢复为生态基流量	4月上旬、下旬各一次,10 d 持续上涨达到生态流量 238 m^3/s,2 d 后恢复为生态流量,其余天数 45 m^3/s

注:表中下泄流量未考虑水库本身弃水。

4.3 生态流量过程线拟合

鱼类产卵的流量过程线拟合应以保证鱼类繁殖水文过程的基础上兼顾水量最大原则。裂腹鱼类与圆口铜鱼产卵时间重叠较少,重叠部分基于最大水量原则进行设置。拟合后结果见表10。

表 10 锦屏大河湾鱼类产卵保护的生态流量过程下限

月份	3月	4月	5月	6月
下泄流量	3月上旬开始,10 d 持续上涨到 90 m^3/s,2 d 后恢复为生态基流量	4月上旬,10 d 持续上涨达到生态流量 238 m^3/s,2 d 后恢复为生态流量;4月中下旬,10 d 流量过程,第5 d 达到最大流量 298 m^3/s,持续3 d,2 d 后恢复为生态流量,其余天数 45 m^3/s	5月上旬、下旬各一次,10 d 流量过程,第5 d 达到最大流量 298 m^3/s,持续3 d,2 d 后恢复为生态流量,其余天数 45 m^3/s	6月上旬,10 d 流量过程,第5 d 达到最大流量 298 m^3/s,持续3 d,2 d 后恢复为生态流量,其余天数 45 m^3/s

5 结论与建议

本文基于鱼类繁殖全类型和全过程保护,内容上,考虑了鱼类不同繁殖种类的生态流量需求和鱼类产卵行为中鱼类性腺发育期、产卵期和仔稚鱼发育的生态流量过程的时间纵向深度，在建立鱼类产卵保护的水文指标框架的基础上，构建了鱼类产卵保护的生态流量过程下限研究并应用于锦屏大河湾段，为大坝生态调度的鱼类产卵保护提供了依据。

由于认识和客观条件限制，鱼类产卵保护的生态流量过程研究还需从以下几个方面进行改进：

（1）生态流量过程研究是坝下鱼类产卵场保护的重要组成部分，还应配合鱼类产卵场水力学特征、地形地貌开展系统性研究。

（2）积极开展重要鱼类繁殖生物学研究，为鱼类保护生态流量过程研究奠定基础。

（3）目标鱼类筛选方法的系统性和代表鱼类的科学性还需进行深入研究。

（4）方法的实践与验证亟待检验，应结合大坝适应性管理进行改进。

参考文献

[1] 陈凯麒，李洋，陶洁. 河流生物栖息地环境影响评价思考[J]. 环境影响评价，2015，37（3）：1-5.

[2] 陶洁. 中华鲟产卵场再造的水文水力学条件研究[D]. 北京：中国水利水电科学研究院，2015.

[3] Perry J A，Vanderklein E. Water Quality of a Resource[M]. Blackwell Science. Cambridge，1996.

[4] 杨宇，谭细畅，常剑波，等. 三维水动力学数值模拟获得中华鲟偏好流速曲线[J]. 水利学报，2007（增刊）：531-534.

[5] 易雨君，王兆印，陆永军. 长江中华鲟栖息地适合度模型研究[J].水科学进展，2007，4（18）：538-543.

[6] 蔡玉鹏，万力，杨宇，等. 基于栖息地模拟法的中华鲟自然繁殖适合生态流量分析[J]. 水生态学杂志，2010，3（3）：1-6.

[7] 王玉蓉，李嘉，李克锋，等. 雅砻江锦屏二级水电站减水河段生态需水量研究[J]. 长江流域资源与环境，2007，16（1）：81-85.

[8] Poff N L，Zimmerman J K H. Ecological Responses to Altered Flow Regimes：a Literature Review to Inform the Science and Management of Environmental Flows[J]. Freshwater Biology，2010，55（4）：194-205.

[9] Wen-Ping Tsai，Fi-John Chang，Edwin E Herricks. Exploring the ecological response of fish to flow regime by softcomputing techniques[J]. Ecological Engineering，2016（87）：9-19.

[10] Ali Torabi Haghighi，Bjørn Kløve. Design of environmental flow regimes to maintain lakes and wetlandsin regions with high seasonal irrigation demand[J]. 2017（100）：120-129.

[11] 陈凯麒，陶洁，葛怀凤. 水电生态红线理论框架研究及要素控制初探[J]. 水利学报，2015，46（1）：17-24.

[12] Keith B Gido，David L Propst. Long-Term Dynamics of Native and Nonnative Fishes in the San Juan River，New Mexico and Utah，under a Partially Managed Flow Regime[J]. Transactions of the American

Fisheries Society，2012（141）：645-659.

[13] 胡和平，刘登峰，田富强，等. 基于生态流量过程线的水库生态调度方法研究[J]. 水科学进展，2008，19（3）：325-332.

[14] 陈求稳. 河流生态水文学——坝下河道生态效应与水库生态友好调度[M]. 北京：科学出版社，2010.

[15] 张志广，谭奇林，钟治国，等. 基于鱼类生境需求的生态流量过程研究[J]. 水力发电，2016，42（4）：13-17.

[16] 李洋，吴佳鹏，刘来胜，等. 基于鱼类产卵场保护的汛期生态流量阈值研究初探——以锦屏大河湾为例[J]. 科学技术与工程，2016，16（16）：307-312.

[17] 殷名称. 鱼类生态学[D]. 北京：中国农业出版社，1995.

[18] Poff N L，Allan J D，Bain M B，et al. The natural flow regime：a paradigm for river conservation and restoration.Bioscience，1997，47：769-784.

[19] 韩仕清，李永，梁瑞峰，等. 基于鱼类产卵场水力学与生态水文特征的生态流量过程研究[J]. 水电能源科学，2016，34（6）：9-13.

[20] 段辛斌，田辉伍，高天珩，等. 金沙江一期工程蓄水前长江上游产漂流性卵鱼类产卵场现状[J]. 长江流域资源与环境，2015，24（8）：1358-1366.

[21] 邓其祥. 雅砻江鱼类调查报告[J]. 西华师范大学学报：自然科学版，1985（1）：36-40.

[22] 邓其祥. 雅砻江下游地区的鱼类区系和分布[J]. 动物学杂志，1996（bi）：5-12.

[23] 王玉蓉，李嘉，李克锋，等. 水电站减水河段鱼类生境需求的水力参数[J].水利学报，2007，38（1）：107-111.

[24] 孙大东，杜军，周剑，等. 长薄鳅研究现状及保护对策[J]. 四川环境，2010，29（6）：98-101.

[25] 王锐，李嘉. 引水式电站减水河段的水温、流速及水深变化对鱼类产卵的影响分析[J]. 四川水力发电，2010，29（2）：76-79.

[26] 徐爽，王玉蓉，谭燕平. 某日调节水电站下泄排水对下游河道内齐口裂腹鱼栖息地的影响[J]. 水电能源科学，2013，31（7）：147-150.

[27] 王玉蓉，李嘉，李克锋，等. 水电站减水河段鱼类生境需求的水力参数[J]. 水利学报，2007，38（1）：107-111.

[28] 陈修松，邓思红，李雪梅，等. 鲈鲤的生物学特性及养殖技术[J]. 河北渔业，2015（2）：32-34.

[29] 赵树海，杨光清，宝建红，等. 长丝裂腹鱼全人工繁殖试验[J]. 水生态学杂志，2016，37（4）：101-104.

[30] 刘乐和，吴国犀，王志玲. 葛洲坝水利枢纽兴建后长江干流铜鱼和圆口铜鱼的繁殖生态[J]. 水生生物学报，1990，14（3）：205-215.

[31] 刘明洋，李永，王锐，等. 生态丁坝在齐口裂腹鱼产卵场修复中的应用[J]. 四川大学学报：工程科学版，2014，46（3）：37-43.

[32] 程鹏. 长江上游圆口铜鱼的生物学研究[D]. 武汉：华中农业大学，2008.

[33] 余志堂，梁铁燊，易伯鲁. 铜鱼和圆口铜鱼的早期发育[J]. 水生生物学集刊，1984，8（4）：371-380.

[34] 陈永祥，罗泉笙. 四川裂腹鱼繁殖生态生物学研究-V、繁殖群体和繁殖习性[J]. 毕节师专学报，1997（1）：1-6.

抽水蓄能电站生态流量相关问题研究

金 弈　张志广　潘 莉

（中国电建集团北京勘测设计研究院有限公司，北京 100024）

摘　要：抽水蓄能电站多建在多年平均流量小于 1 m^3/s 的支流上。对国内已有的抽水蓄能电站生态流量的需求、计算方法、保障程度、泄放措施等问题进行了分析和研究，结果表明：抽水蓄能电站的水损备用库容，可以使下放生态流量的保障程度大为提高；当天然来流量小于规定下泄最小生态流量时，抽水蓄能电站依然可以在大多数情况下满足下泄生态流量的要求。

关键词：抽水蓄能电站；生态流量；水损备用库容；保障程度

1　抽水蓄能电站生态流量研究的主要内容

与常规水电工程及水库工程相比，抽水蓄能电站的生态流量具有自身的特点，主要体现以下方面：①生态流量的需求；②生态流量的分析方法；③生态流量保障程度；④生态流量的泄放措施。

本文将主要从以上 4 个方面分析抽水蓄能电站的生态流量问题。

2　抽水蓄能电站生态流量的需求

相对小河（多年平均流量＜15 m^3/s）而言，大中型河流（多年平均流量≥15 m^3/s）上的生态流量更能引起关注。而抽水蓄能电站通常都建在更小流量河流上，坝址以上来水较少，多年平均流量往往小于 1 m^3/s；这些河流有些甚至是季节性河流，有些冬季存在冰冻情况；抽水蓄能电站上水库很多甚至建在沟道的起点，库盆以上汇水非常小。一些抽水蓄

作者简介：金弈（1969—），男，教授级高级工程师，主要从事环境保护、水土保持、移民等工作。E-mail：jin_yi111@163.com。

能电站所在沟道天然来流量情况详见表 1。

表 1 国内部分抽水蓄能电站生态流量需求分析

项目名称	下库坝址以上年均流量/（m^3/s）	上库坝址以上年均流量/（m^3/s）	生态流量的需求	环评完成时间
湖南黑麋峰抽水蓄能电站	0.265	0.027	下水库调查到马口鱼 1 种	2004 年 10 月
广东阳江抽水蓄能电站	1.03	0.58	11 种鱼类	2006 年 12 月
吉林敦化抽水蓄能电站	0.49	0.039	仅有黑龙江茴鱼	2011 年 4 月
辽宁清原抽水蓄能电站	0.556	0.017	鰕虎鱼、麦穗鱼、辽宁棒花、条鳅、马口鱼 5 种鱼类	2016 年 9 月

由表 1 可见，抽水蓄能电站所在支沟的年均流量虽小，但经过调查发现还是有鱼类存在的，也就说明了维持坝下河段水生生态系统稳定性的生态流量的需求是存在的。当然，这些鱼类的生存环境也是不容乐观的，河流流量小，水很浅，导致鱼类个体难以长大，难以隐藏，容易被人捕捉，冬季如果出现冰冻情况难以越冬。

研究表明，抽水蓄能电站的生态流量需求，一般主要考虑维持坝下河段水生生态系统稳定性、维持坝下河道水环境质量所需的水量以及坝下灌溉、生活用水量。

3 抽水蓄能电站生态流量的确定方法分析

3.1 抽水蓄能电站生态流量的确定方法分析

相对大中型河流的水电水利工程而言，一般情况下，抽水蓄能电站的生态流量计算方法较为简单。维持坝下河道水生生态系统稳定需水量计算方法适用性分析见表 2，一般都采用 Tennant 法，在干旱、半干旱区域也可采用最小月平均径流法。

表 3 是国内部分抽水蓄能电站生态流量的确定结果。由表 3 可以看出，已完成的抽水蓄能电站的维持坝下河道水生生态系统稳定的生态流量，普遍采用 Tennant 法的计算结果（即多年平均流量的 10%）。

对在小流量（如多年平均流量≤1 m^3/s）河段上的抽水蓄能电站而言，采取 Tennant 法来确定维持坝下生态河道水生生态系统稳定需水量是比较合适的，且得到了广泛的认可，主要原因如下：

（1）在干旱、半干旱区域，下放由 Tennant 法确定的生态流量即多年平均流量的 10%，要比天然情况下最小月均流量还要大，见表 3。

表 2 抽水蓄能电站维持河道水生生态系统稳定需水量计算方法适用性分析

序号	方法	适用条件	对抽水蓄能电站的适用性	理由
1	Tennant 法	河流目标管理	适用	需要目标管理
2	最小月平均径流法	干旱、半干旱区域	干旱、半干旱区域适用	
3	湿周法	河床形状稳定的宽浅矩形和抛物线形河道	不适用	河床形状非常不稳定
4	R2-CROSS 法	非季节性小型河流	一般不适用	蓄能电站所在支沟流量（≤1 m^3/s）比小型河流（≤15 m^3/s）流量相比差的较多
5	组合法	受人类影响较小的河流	不适用	受人类影响较大
6	生境模拟法	存在保护物种的河流	不适用	没有水生生物重要保护物种
7	综合法	综合性、大流域生态需水研究	不适用	小河
8	生态水力学法	大中型河流	不适用	小河

表 3 国内部分抽水蓄能电站生态流量确定结果分析

项目名称	下库坝址以上年均流量/（m^3/s）	上库坝址以上年均流量/（m^3/s）	生态流量的确定结果	多年平均流量的 10%与最小月均流量的比较
广东阳江抽水蓄能电站	1.03	0.58	下水库坝址处多年平均流量的 10%+灌溉用水	多年平均流量的 10%为 3 月月均流量的 31.1%
河北丰宁抽水蓄能电站	7.8		丰宁水库坝址处多年平均流量的 10%+灌溉用水	多年平均流量的 10%大于 1 月、2 月的月均流量
吉林敦化抽水蓄能电站	0.49	0.039	生态用水按下水库坝址处多年平均流量的 10%考虑；考虑鱼类栖息和产卵的问题，4—5 月生态用水按 75%来水量的 40%考虑	多年平均流量的 10%大于 1 月、2 月的月均流量
辽宁清原抽水蓄能电站	0.556	0.017	下水库生态用水按下水库坝址处多年平均流量的 10%+灌溉用水；上水库库盆以上来水全部导流到坝下	多年平均流量的 10%大于 1 月、2 月的月均流量

（2）下游一般会有支流汇入，会减缓对水生生态的影响。

（3）除了维持坝下河段水生生态系统稳定性的水量，很多情况下同时还下放灌溉和生活用水量。

（4）在小流量河道里，鱼类的天然生存环境是不容乐观的。这些鱼类基本是适应静水的非洄游性鱼类，水库建成后，库内水体体积达到几百万甚至1 000多万 m^3，与原河道相比水体体积增加至少几百倍，更适合这些鱼类的保护和栖息，库内的鱼类资源量将会大大增加。

3.2 抽水蓄能电站生态流量计算案例

以清原抽水蓄能电站为例，生态流量计算考虑河道内生态流量和河道外生态流量（灌溉用水、生活用水）。由于清原抽水蓄能电站上、下水库均位于小溪沟，缺少长序列实测水文资料，不能采用最小月平均流量法或7Q10法，根据邻近流域水文站—南口前站实测经插补延长的径流系列资料分析得到下水库的河道内多年平均逐月流量见表4，根据所在溪沟的水量分析适用性并根据下游用水对象的蓄水要求复核后，采用Tennant法的计算成果作为坝下河道内最小生态流量，数值为 0.055 6 m^3/s。电站下水库坝址处生态流量为0.055 6 m^3/s 加上灌溉、生活需水量，逐月生态流量见表5。电站上水库坝址处逐月生态流量见表6。

表4　清原抽水蓄能电站下水库坝址多年平均逐月流量

月份	1月	2月	3月	4月	5月	6月	7月	8月	9月	10月	11月	12月	年均
流量/（m^3/s）	0.049	0.043	0.234	0.443	0.384	0.561	1.42	2.18	0.638	0.312	0.237	0.110	0.556
水量/万 m^3	13.1	10.6	62.8	114.9	102.7	145.4	380.6	584.0	165.4	83.4	61.5	29.5	1 754

表5　清原抽水蓄能电站下水库坝址处逐月生态流量　　单位：m^3/s

月份	河道内生态需水	河道外生态需水			合计
		灌溉	生活	小计	
1月	0.055 6		0.008 8	0.008 8	0.064 4
2月	0.055 6		0.008 8	0.008 8	0.064 4
3月	0.055 6		0.008 8	0.008 8	0.064 4
4月	0.055 6		0.008 8	0.008 8	0.064 4
5月	0.055 6	0.018	0.008 8	0.026 8	0.082 4
6月	0.055 6	0.01	0.008 8	0.018 8	0.074 4
7月	0.055 6	0.033	0.008 8	0.041 8	0.097 4
8月	0.055 6	0.03	0.008 8	0.038 8	0.094 4

月份	河道内生态需水	河道外生态需水			合计
		灌溉	生活	小计	
9 月	0.055 6		0.008 8	0.008 8	0.064 4
10 月	0.055 6		0.008 8	0.008 8	0.064 4
11 月	0.055 6		0.008 8	0.008 8	0.064 4
12 月	0.055 6		0.008 8	0.008 8	0.064 4

表 6 清原抽水蓄能电站上水库坝址处逐月生态流量 单位：m^3/s

项目	1—4 月	5—8 月	9—12 月
灌溉需水量	—	0.004 3	—
生活需水量	0.000 4	0.000 4	0.000 4
维持水生生态系统稳定所需水量	0.001 7	0.001 7	0.001 7
总需水量	0.002 1	0.006 4	0.002 1

4 抽水蓄能电站生态流量的保障程度分析

在河流上，经常存在枯水期天然来流量小于规定下泄最小生态流量的情况，对于调节能力差的水利水电工程，在这种情况下是不能保障下泄最小生态流量的。因此，《关于深化落实水电开发生态环境保护措施的通知》（环发〔2014〕65 号文）中规定，“当天然来流量小于规定下泄最小生态流量时，电站下泄生态流量按坝址处天然实际来流量进行下放。”

相比常规水电水利工程，抽水蓄能电站具有独特的特点，更有利于下放生态流量的保障。首先，施工期由于地下洞室开挖时间最长，因此，抽水蓄能电站的上、下水库可以提前蓄水，蓄水期较长，可以在保障生态流量下泄的前提下进行蓄水；在运行期，抽水蓄能电站除了补充上、下水库以及水道系统的蒸发、渗漏损失水量外，大部分天然来水都泄放到下游，而且抽水蓄能电站设置有水损备用库容，当天然来流量小于规定下泄最小生态流量时，电站可以通过水损备用库容的调节，满足下泄生态流量的要求，即抽水蓄能电站的水损备用库容具有保障生态流量的功能，相当于生态（环保）库容。下面以清原抽水蓄能电站为例，具体分析对生态流量的保障程度。

4.1 初期蓄水期间生态流量保障程度分析

清原抽水蓄能电站的环境保护要求较高，初期蓄水期，无论天然来流量是否可以达到下泄最小生态流量，都按表 5 中的生态流量进行下放。

根据清原抽水蓄能电站的施工进度安排，下水库在施工期第 4 年 8 月初具备蓄水条件，首台机组在第 6 年 3 月初调试，到第 7 年 12 月底 6 台机组全部投产发电。考虑连续 4 年

75%年份的径流过程进行水量平衡计算。在保证下游生态用水和施工期用水的前提下，进行清原抽水蓄能电站初期蓄水能力分析。当天然来流量小于规定下泄最小生态流量时，电站按最小生态流量下泄，结果显示，从首台机调试到全部机组投产发电，所蓄水量均能满足发电要求，水量总盈余 319 万 m^3。分析成果见表 7。

表 7 清原抽水蓄能电站下水库初期蓄水能力分析 单位：万 m^3

序号	项目	首台机调试	1 台机发电	2 台机发电	3 台机发电	4 台机发电	5 台机发电	6 台机发电
	机组投产时间	第 6 年 4 月底	第 6 年 6 月底	第 6 年 10 月底	第 7 年 2 月底	第 7 年 6 月底	第 7 年 9 月底	第 7 年 12 月底
1	可蓄水时间/月	21	2	4	4	4	3	3
2	累计需水量	417	666	915	1 177	1 426	1 689	1 875
2.1	发电需水量	417	611	805	1 012	1 206	1 414	1 546
2.2	备用库容	0	55	110	164	219	274	329
3	坝址累计天然来水量	1 859	2 165	2 955	3 057	3 328	3 535	3 616
4	累计水量损失及其他用水量	668	737	911	1 022	1 153	1 304	1 395
4.1	累计生态泄放	387	429	514	581	656	724	775
4.2	累计蒸发渗漏损失	129	147	196	245	293	334	372
4.3	累计施工用水	95	96	97	99	96	100	100
4.4	坝址上游其他用水户用水量	75	84	123	125	136	174	176
5	电站累计可蓄水量	1 173	1 409	2 025	2 007	2 147	2 203	2 193
6	水量总盈亏	756	743	1 110	830	721	514	319

通过表 7 可以看出，清原抽水蓄能电站在初期蓄水期间，可以 100%地满足下放生态流量要求。

4.2 电站运行期间生态流量保障程度分析

运行期，清原抽水蓄能电站上、下水库以及水道系统的蒸发、渗漏要损失一部分水量，需对这些损失的水量及时补充，年需补水量 306.9 万 m^3，补水水源为下水库入库径流，多余的水量通过下水库泄水建筑物进入下游河道，而且补水时间安排在水量较充沛月份进行补水（5—9 月），正常运行期补水按设计保证率 95%特枯年份分析。在保证率为 95%时，清原抽水蓄能电站应首先满足其他用水户用水和生态用水量。

经计算，下水库天然入库水量为 474 万 m^3，上游用水量为 51.7 万 m^3，考虑电站蒸发、渗漏水量以及泄放生态流量的情况下，按照水文年逐月进行水量平衡计算，清原抽水蓄能电站需设置 161 万 m³ 水损备用库容。

95%来水保证率情况下，电站年补水量（148.4 万 m³）占下水库坝址处年实际来水量（入库水量）（422.4 万 m³）的 35.1%，年下泄水量占下水库坝址处年实际来水量的 64.9%，年下泄水量为应下泄生态流量的 155.9%，各月下泄水量占坝址实际来水量（入库水量）的比例均不小于 40%，6 月下泄水量最多，可达 77.48 万 m³，占天然来水量的 74.8%。由表 8 可知，95%来水保证率情况下，枯水期的 1 月、2 月、4 月、11 月、12 月，下水库坝址处实际来水量小于生态流量，但通过电站的水损备用库容调节，可以在天然来流量的基础上增加 10%的下泄量放到坝下，即在天然来流量小于生态流量时，按天然来流量的 110%下放生态流量到坝下。在来水保证率 95%的特枯年情况下，清原抽水蓄能电站可以保证在天然来流量小于生态流量时，按天然来流量的 110%下放生态流量到坝下。

表 8 运行期下水库逐月下泄流量（95%来水保证率）

项目	天然来水量（a）/万 m³	入库水量（b）/万 m³	下泄水量（c）/万 m³	应下泄生态流量（d）/万 m³	下泄水量/生态流量比例（c/d）/%	变化率[（c−b）/b]/%
1 月	9.7	9.1	10	9.1	110	10
2 月	11	10.4	11.4	10.4	110	10
3 月	31.5	30.9	17.2	17.2	100	−44.2
4 月	2.2	1.6	1.8	1.6	110	10
5 月	53.3	47.5	22.1	22.1	100	−53.5
6 月	107.5	104	77.8	19.3	403.1	−25.2
7 月	46.7	27.6	26.1	26.1	100	−5.4
8 月	48.9	30.5	25.3	25.3	100	−17
9 月	124.7	124.1	53.2	16.7	318.7	−57.1
10 月	26.6	26	17.2	17.2	100	−33.8
11 月	7	6.4	7	6.4	110	10
12 月	4.9	4.3	4.7	4.3	110	10
全年	474	422.4	274	175.7	155.9	−35.1

由表 9 可知在 75%来水保证率情况下，电站年补水量（306.9 万 m³）占下水库坝址处年实际来水量（入库水量，959 万 m³）的 32%，年下泄水量占下水库坝址处年实际来水量（入库水量，959 万 m³）的 68%，年下泄水量为应下泄生态流量的 315.5%，各月下泄水量占坝址实际来水量（入库水量）的比例均不小于 30%，6 月下泄水量最多，可达 221.3 万 m³，占坝址实际来水量（入库水量）的 89.4%。75%来水保证率情况下，全年 1 月、2 月坝址处实际来水量较少，但由于其他月份来水较多，电站利用下水库水损备用库容中的水量，可以增加下泄水量，使下泄水量较天然来水分别增加 169.5%和 168.6%，满足生态流量下泄的要求。即在 75%来水保证率情况下，清原抽水蓄能电站可以 100%满足生态流量下泄要求。

表 9 运行期下水库逐月下泄流量（75%来水保证率）

项目	天然来水量（a）/万 m^3	入库水量（b）/万 m^3	下泄水量（c）/万 m^3	应下泄生态流量（d）/万 m^3	下泄水量/生态流量比例（c/d）/%	变化率[（c-b）/b]/%
1 月	7	6.4	17.2	6.4	269.5	169.5
2 月	6.4	5.8	15.6	5.8	268.6	168.6
3 月	37.5	36.9	17.2	17.2	100	−53.4
4 月	49.7	49.1	16.7	16.7	100	−66
5 月	189	183.2	63.1	22.1	285.4	−65.6
6 月	251	247.5	221.3	19.3	1 147.6	−10.6
7 月	111	91.9	65.9	26.1	252.6	−28.3
8 月	186	167.6	141.7	25.3	560.1	−15.5
9 月	49.7	49.1	23.4	16.7	140.1	−52.3
10 月	59.3	58.7	33.2	17.2	193	−43.4
11 月	45.3	44.7	19.6	16.7	117.4	−56.2
12 月	18.7	18.1	17.2	17.2	100	−5
全年	1 010.6	959	652.1	206.7	315.5	−32

通过分析可知，在运行期，当天然来流量小于规定下泄最小生态流量时，清原抽水蓄能电站下泄流量可以按生态流量或坝址处天然实际来流量的 110%进行下放。此种情况下，抽水蓄能电站的水损备用库容具有了生态（环保）库容的功能，增加了环境效益。

5 抽水蓄能电站生态流量的保障措施

抽水蓄能电站的生态流量泄放措施可见表 10，由表 10 可见，采用生态流量泄放管泄放生态流量的情况较多。清原抽水蓄能电站则在设计中采取了将上水库以上流域来水通过上水库环库公路外侧渠道导流至上水库坝下河道的措施。比较而言，采用生态流量泄放管的工程，由于水库水位日变幅很大，导致泄放管水头变化大，阀门控制与消能较为复杂，在实际中操作管理较为烦琐。在条件允许情况下，将上游来水采用环库公路外侧渠道导流至坝下河道的措施简单使用且有效。由于我国抽水蓄能电站建成项目较少，目前通过项目竣工环保验收的抽水蓄能电站（辽宁蒲石河抽水蓄能电站和福建仙游抽水蓄能电站），采用了生态流量泄放措施。建议加强对已建生态流量泄放措施的水电工程开展专题调查，分析其生态流量泄放措施的运行效果及存在问题，提出生态流量泄放措施推广或改进建议。

表 10 国内部分抽水蓄能电站生态流量泄放措施

项目名称	生态流量的确定结果	生态流量泄放措施
辽宁蒲石河抽水蓄能电站	上水库不小于 0.024 m^3/s；下水库不小于 1.54 m^3/s	初期蓄水阶段及运行期上水库通过导流洞内埋设的 D200 mm 不锈钢放水管向下游泄放；下水库通过小孤山水电站下泄
福建仙游抽水蓄能电站	不低于最枯月平均流量：上水库不小于 0.048 m^3/s；下水库不小于 0.17 m^3/s	上、下水库均通过在导流洞内埋设的放水钢管向下游泄放
广东阳江抽水蓄能电站	下水库坝址处多年平均流量的10%+灌溉用水	下水库放水底孔，由导流洞改造而成
丰宁抽水蓄能电站	下水库坝址处多年平均流量的10%+灌溉用水	在拦沙库泄洪排沙洞进水塔左侧布置生态流量阀门井，通过埋设的生态流量泄放管，泄放生态流量，并利用泄洪排沙洞向下游泄放生态流量；蓄能专用库大坝处设置一套生态流量泄放闸；生态流量闸采用底孔布置，布置在新建重力副坝坝段内
吉林敦化抽水蓄能电站	下水库坝址处多年平均流量的10%考虑；考虑坝下河道鱼类栖息和产卵的问题，4—5 月生态用水按 75%来水量的 40%考虑	生态流量管结合泄洪放空洞布置
辽宁清原抽水蓄能电站	下水库生态用水按下水库坝址处多年平均流量的10%考虑+灌溉用水；上水库库盆以上来水全部流到坝下	下水库结合泄洪放空洞布置生态流量管；上水库库盆以上流域来水，通过上水库环库公路外侧渠道导流至上水库坝下河道，不进入上水库

6 结论

通过分析，可以得出以下结论：

（1）抽水蓄能电站多建在多年平均流量小于 1 m^3/s 的支流上，但仍存在维持坝下河段水生生态系统稳定性、维持坝下河道水环境质量以及坝下灌溉、生活用水量的生态流量需求。

（2）抽水蓄能电站中计算维持坝下生态河道水生生态系统稳定的生态流量最适用的方法是 Tennant 法，在干旱、半干旱区域也可采用最小月平均径流法。

（3）抽水蓄能电站由于存在水损备用库容，下放生态流量的保障程度较高；当天然来流量小于规定下泄最小生态流量时，抽水蓄能电站依然可以在大多数情况下满足下泄生态流量的要求。

（4）抽水蓄能电站下水库的生态流量泄放措施，采用生态流量泄放管的情况较多，也可采用生态流量泄放闸。条件允许的情况下，可以通过抽水蓄能电站上水库环库公路外侧渠道将上游来水导流至上水库坝下河道。

MIKE11 在河流环境需水量计算中的应用

颜剑波　李　璜　张德见　李　翔

（中国电建集团北京勘测设计研究院有限公司，北京 100024）

摘　要：本文在对 7Q10 法、90%保证率最枯月平均流量法、10 年最枯月平均流量法、环境功能设定法、稳态水质模型法和数学模型法等常用的环境需水量计算方法的内涵、优缺点及适用性进行比较的基础上，推荐数学模型法作为资料条件较好河流环境需水量的计算方法。结合具体工程案例，采用 MIKE11 水质模型对某水利工程下游河段的环境需水量进行了计算。总结了采用数学模型法计算河流环境需水量的方法、步骤和注意事项。论文成果对类似工程的环境需水量计算具有借鉴和参考意义。

关键词：MIKE11；水电工程；环境需水量计算；数值模型法

1　前言

水电工程特别是一些调节性能较好的大中型水电工程，由于水库运行对天然径流的调节作用较大，工程下游河道在某些时段不可避免存在一定程度的减水影响（与天然径流相比）。此外，一些水利工程或取水设施的建设，由于会从河流中取走部分流量，也会导致工程下游存在一定的减水问题。在评价这类水电工程或取用水工程对下游水环境影响时，往往需要论证分析下游基本的生态环境用水需求（也称“生态流量”）。不论下游生态环境用水概念如何定义，从应用的角度，维持河流水环境质量的最小稀疏净化水量（以下简称“环境需水量”）是河道基本生态环境用水需求之一[1-2]。目前，针对河流水质计算已有相关规范进行规定，但针对河流环境需水量的计算的规范尚未出台。尽管在一些文献及政策性的技术指南里面推荐了一些环境需水量计算方法，但是实际应用中这些方法存在什么问题、是否有更实用方法，目前国内在这方面的探讨研究还比较少。

2 常用方法的实用性分析

目前在一些文献及政策性的技术指南里面推荐的计算河流环境需水量的方法有：7Q10法、90%保证率最枯月平均流量法、10年最枯月平均流量法、环境功能设定法、稳态水质模型法和数学模型法等。笔者将这些方法归纳为三类：水文统计法、环境水文学方法和水质模型法，各种方法简介、特点及适用范围见表1。

表1 常用河流环境需水量计算方法特点

方法分类	方法名称	方法简介	优点	缺点	适用范围
水文统计法	7Q10法[3]	采用90%保证率最枯连续7 d的平均水量作为河流最小流量设计值	计算方法简单	对水文资料要求较高，计算90%保证率须有30年长系列的水文资料，未考虑污染负荷的影响	适合污染负荷较低河流的初步估算，不适用有断流季节河段
	90%保证率最枯月平均流量法[4]	采用90%保证率最枯月平均流量作为河流最小流量设计值	计算方法简单		
	10年最枯月平均流量法[4]	采用10年最枯月平均流量作为河流最小流量设计值	计算方法简单	对水文资料要求较高，需有10年长系列的水文资料，未考虑污染负荷的影响	
环境水文学方法	环境功能设定法[3]	分段计算，考虑污染物稀释要求的同时，不低于某一水平年（多年平均、枯水年、平水年）设计月保证率（90%、80%）的河道流量，各段流量计算结果再求和	既考虑污染物稀疏需求，又考虑了河流的水文特性	污染物只考虑稀释未考虑降解，稀释系数确定方法未明确；分段计算再求和的结果可能导致计算结果偏大[6]	适用污染严重河流
水质模型法	稳态水质模型法[3]	根据纳污量计算公式推算，需分段计算再取各段流量最大值	计算公式简单	分段计算取最大值，可能导致结果偏小	适用于河道宽深比较小河流
	数值模型计算法[5]	采用河流一维或二维水质模型进行计算	可直接建立污染物和计算断面水质的响应关系，水动力和水质计算可同步开展	需要河流地形资料	适用范围较广

水文统计法在实际应用中也经常用来估算河流生态需水（即维持河流生态系统基本稳定的最小流量），用作河流环境需水量计算时，仅适合一些污染负荷较小的河流，且该方法不能反映不同污染负荷条件下的稀疏净化用水需求，因此笔者认为一般情况不宜采用此类方法。

环境功能设定法和稳定水质模型法都以计算河段全河段满足水环境功能目标为边界条件，其中环境功能设定法虽然既考虑了河流的水文特性，又考虑了水体的稀释净化功能，但该方法未考虑水体对污染物的降解净化功能。此外，该方法通过分段计算再求和可能导致整条河流环境需水量偏大。图 1（a）是环境功能设定法的计算方法示意图，假设工程下游某污染物初始浓度为 C_0，初始流量为 Q_0，在工程下游 X_1 处有一污染源 q_0 汇入，假设汇入断面污染物立即混合，混合后污染物浓度刚好满足水体环境功能目标限值，随着污染物降解，在 X_2 处污染物浓度又降至 C_0，此时又有同样规模的污染源 q_0 汇入，汇入后污染物浓度也刚好满足水体环境功能目标限值，X_2 之后无污染源汇入，污染物浓度持续降低至某一稳定值。如采用环境功能设定法，在 X_1、X_2 处将计算河流分成 3 段，则 1 段、2 段、3 段的环境需水量分别是 0、Q_0、Q_0，各段计算结果求和之后是 $2Q_0$，实际上工程下泄 Q_0 流量即可满足下游环境需水量。

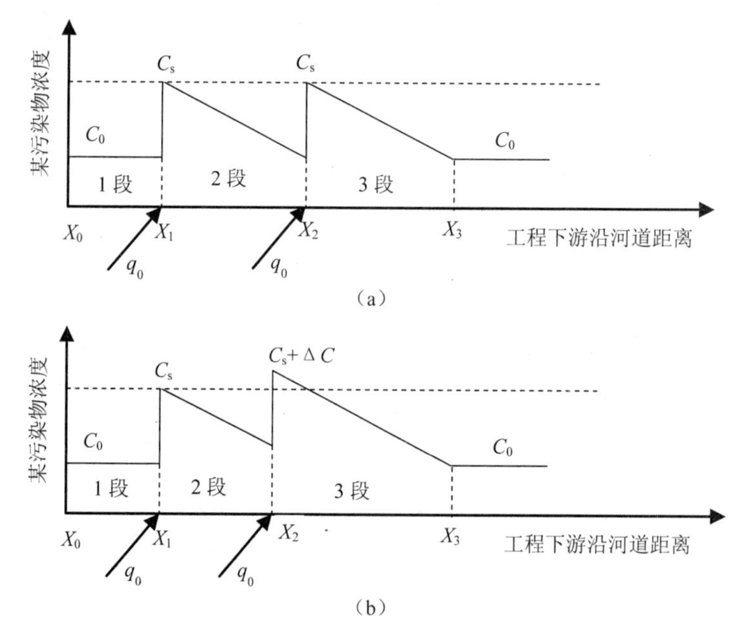

图 1　环境功能设定法和稳态水质模型法计算方法示意

稳态水质模型法实际上是从纳污量计算公式的反向推演得来，通过分段计算取最大值的方法可能导致计算结果偏小。图 1（b）是稳态水质模型法计算方法示意图，与图 1（a）的区别仅是 X_1 处污染源汇入后，污染物尚未降至初始浓度 C_0，X_2 处污染源即已汇入，导致有一段河道水质超标（$C_s+\Delta C$）。因此，如采用稳态水质模型法，各段计算结果取最大值是 Q_0，实际上此种情况环境需水量应是介于 Q_0 和 $2Q_0$ 之间的。

数值模型计算法根据环境水力学的原理，建立水量、污染物和水质三者之间的响应关系（一组偏微分方程），通过数值离散的方法建立工程下游计算河段的水质数学模型。通过连续变换数值模型的边界条件（下泄流量），寻求满足某个或多个控制断面（关键断面）水质达标的流量，该流量即对应某特定工程的环境需水量。下文以水环境模拟软件 MIKE 11 的 AD 模块为例，说明采取数值模型法计算河流环境需水量的方法及应用建议。

3 MIKE11 水质模型简介

MIKE11 是丹麦水资源及水环境研究所（DHI）开发的一维水模拟软件。MIKE11 水动力模型（HD 模块）是基于垂向积分的物质和动量守恒方程，即一维 Saint-Venant 方程，模拟结果为河道各个断面、各个时刻的水位和流量等水文要素信息。MIKE11 对流扩散模型（AD 模块）根据 HD 模块计算获得的水动力条件，应用对流扩散方程计算污染物浓度。可以通过设定一个恒定的衰减常数模拟非保守物质，所以可作为简单的水质模型使用。鉴于篇幅限制，本文中不对 MIKE 11 的一维水动力基本方程、对流扩散方程及其数值解法进行阐述，详情可参考文献[7]。

4 应用 MIKE 11 计算某工程环境需水量案例

4.1 工程概况

南方地区拟建的某水库项目具有灌溉、供水及发电等综合功能，水库总库容 1.17 亿 m^3，坝址以上流域面积 284 km^2，坝址处多年平均流量 11.59 m^3/s。项目区水系如图 2 所示。水库坝址位于 J 河中游，J 河和 S 河汇合以后为 Z 河，J 河和 S 河集雨面积相当。J 河坝址以下先后汇入三条支流。项目区水系水文基本情况见表 2。

表 2 项目区水系水文基本情况

河流名称	集雨面积/km^2	河口多年平均流量/（m^3/s）	枯水年最枯月平均流量/（m^3/s）	工程区平均河宽/m
J 河	484	20.40		30
S 河	493	20.80		35
1#支流	23	0.97	0.12	10
2#支流	45	1.97	0.24	15
3#支流	110	4.65	0.59	20

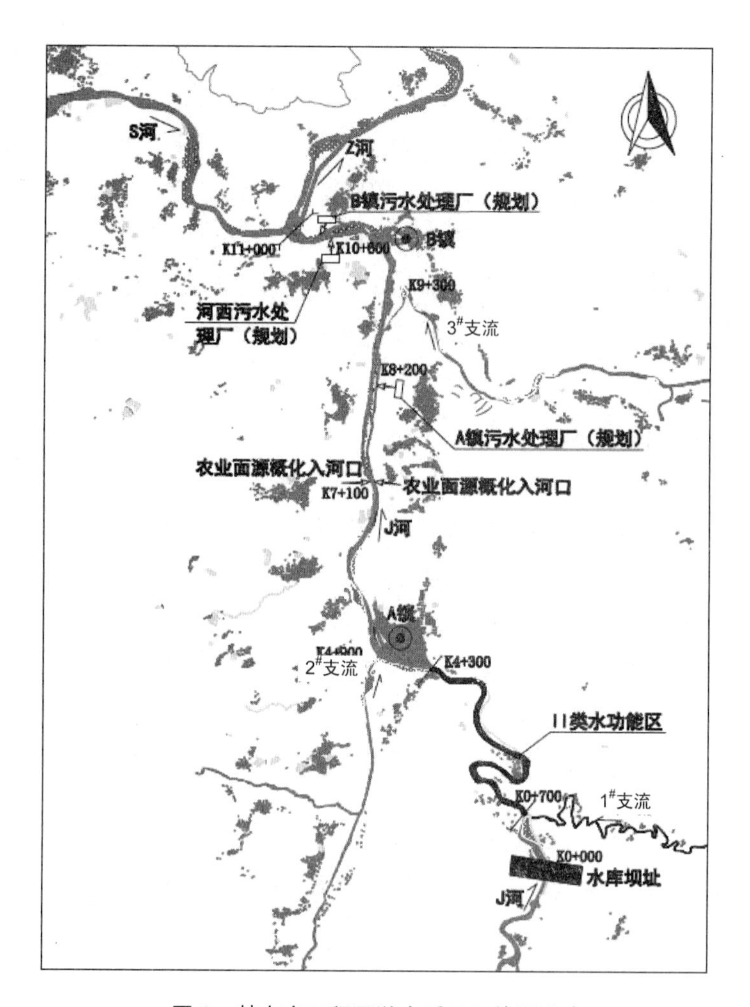

图 2　某水库工程下游水系及污染源分布

4.2　工程周边环境特征

本项目位于山区，J 河及 S 河流域范围内均无工矿企业分布，主要的污染源为农村生活污染源和农业面源。水库下游 J 河主要接收两个乡镇（A 镇、B 镇）以及周边乡村居民生活污水，此外 J 河两侧分布有一定面积农田，主要种植水稻。农田施用化肥以氮肥和磷肥为主。

根据当地城乡发展规划及环保规划，到规划水平年，本水库项目已建成，A 镇和 B 镇的生活用水均取自本水库。规划建设 3 座污水处理厂，对 A 镇、B 镇及周边农村生活污水收集后集中处理，处理污水标准执行《城镇污水处理厂污染物排放标准》（GB 18918—2002）一级 B 标准。3 座污水处理厂的服务范围、处理规模及排放口位置及主要污染物排放标准见表 3。工程下游 J 河两岸农业面源的估算结果见表 4。根据当地水环境功能区划，J 河及各支流现状水质及水质目标要求见表5。

表3 污水处理厂污染排放特征

污水处理厂名称	服务范围	服务人口/人	处理规模/（m^3/d）	排放口位置（桩号）	主要污染物排放标准
A镇污水处理厂	A镇；J河以东，3#支流以南农村居民	8 000	640	K8+200	COD，60 mg/L；NH_3-N，8 mg/L；TP，1 mg/L
B镇污水处理厂	B镇：Z河以南，J河以东，3#支流以北农村居民	6 000	480	K10+600	
河西污水处理厂	J河以西，S河以南农村居民	4 000	320	K10+600	

注：因规划的B镇污水处理厂和河西污水处理厂排放口相距较近，表3中概化为同一位置。

表4 J河两岸农业面源的估算

片区	农田面积/亩*	概化排污口位置（桩号）	入河污染物总量/（kg/a）	
			NH_3-N	TP
河西	9 800	K7+100	133.28	72.52
河东	3 500	K7+100	47.60	25.90
合计	13 300	K7+100	180.88	98.42

*1亩≈666.7 m^2。

表5 J河及各支流水质现状及水质目标

断面	水质现状评价	规划水质目标
J河（坝址处）	II类	J河干流除1#支流汇入口以下3.6 km河段须达到《地表水环境质量标准》（GB 2008—2002）II类水质要求外，其他河段须达到III类水质要求
J河（流域出口）	III类	
1#支流（流域出口）	II类	II类
2#支流（流域出口）	II类	III类
3#支流（流域出口）	II类	III类

4.3 计算因子选取

工程位于农村山区，水库运行可能影响的水系流域范围内主要为农村集镇生活污染源和农业面源，现状水系均满足水功能区划标准。主要的污染物为有机污染，选取COD、NH_3-N、TP作为计算污染物因子。

4.4 计算范围及控制断面选取

J 河坝址下游无水质敏感目标，根据 J 河坝址下游水系汇入情况，1#、2#、3#支流多年平均流量较小，S 河和 J 河流量相当，因此选取计算范围为 J 河坝址下游至 S 河汇合处，长度约 12 km。根据水功能区划，J 河 1#支流汇入口处为 II 类水体功能区的上边界，可设置 1 个计算断面。本案例中考虑到 J 河上游来水及 1#支流来水水质均满足 II 类水质要求，区间无污染物排放，II 类水功能区的上边界计算断面可取消。综合分析，仅选取 J 河流域出口为控制断面，为避开流域出口假定水位边界的影响，控制断面选定为流域出口以上 1 km 处。

4.5 计算边界条件及主要参数确定

本工程计算边界条件见表 6。J 河现状水质监测在坝址处及 J 河流域出口分别布置了监测断面，具有连续 3 d 的水质监测数据，其中坝址断面观测了流量，J 河流域出口观测了水位。本工程采用 MIKE11 HD 建立的水动力模型采用上游流量下游水位条件进行率定，主要参数糙率取 0.04。采用 MIKE11 AD 建立的水质模型主要参数采用现状水质进行率定，计算污染物 COD、NH_3-N、TP 的降解系数分别取 0.03 d^{-1}、0.02 d^{-1}、0.01 d^{-1}，扩散参数取 5 m^2/s。

表 6 本工程计算边界条件

边界条件	汇入口距离坝址距离/km	水动力边界	水质边界/（mg/L）			备注
			COD	NH_3-N	TP	
J 河下泄流量	0	流量取 0.01 m^3/s、0.02 m^3/s、0.03 m^3/s……依次递增	15	0.5	0.1	考虑 J 河现状水质较好，规划具有供水功能，故取 II 类水体限值
1#支流流量	0.7	0.12 m^3/s	15	0.5	0.1	
2#支流流量	4.9	0.24 m^3/s	20	1.0	0.2	从偏安全角度考虑，水质边界取III类水体限值
3#支流流量	9.3	0.59 m^3/s	20	1.0	0.2	
概化面源	7.1	0.001 m^3/s	20	5.74	3.12	入河流量取对干流流量影响较小的值，入河浓度根据入河污染负荷估算
A 镇污水处理厂	8.2	0.008 m^3/s	60	8	1	入河污染物浓度取排放标准限值
B 镇污水处理厂和河西污水处理厂	10.6	0.01 m^3/s	60	8	1	
J 河流域出口	12	238 m	20	1.0	0.2	流域出口水位根据河床高程设定为有一定淹没水深，但回水不超过 1 km 的水位

4.6 计算结果

根据计算结果，为满足 J 河流域出口 COD、NH_3-N、TP 等水质因子达标，需下泄的流量分别为 0.04 m^3/s、0.1 m^3/s、0.04 m^3/s。综合分析，本工程的环境需水量对生态基流的要求为 0.1 m^3/s。

5 MIKE11 水质模型应用建议

本文采用 DHI MIKE11 AD 模块的水质模拟功能进行环境需水量计算，AD 模块水质模拟基于对流扩散方程，模拟水体中溶解或悬浮物质的输运。它不仅可以模拟保守物质，而且可以通过设定恒定的衰减系数来模拟非保守物质。由于 MIKE11 是一维模型，是基于污染物在横断面上均匀混合的假设条件的，因此主要适用于多年平均流量小于 150 m^3/s 的中小型河流[5]。此外，笔者认为对于一些峡谷型河道如我国西南地区河道，流量可能大于 150 m^3/s，但由于流速较大，污染物在横断面上很容易混合均匀，也可以采用一维模型计算。

MIKE11 AD 模块主要的两个参数是扩散系数和衰减系数。扩散系数为混合扩散系数，包括分子扩散、紊动扩散、剪切离散等各种因素，可以利用保守物质进行率定。一般的经验值对于小溪为 1～5 m^2/s，河流为 5～20 m^2/s。

MIKE11 AD 模块在对流扩散模块中仅模拟一级降解过程，模型中的衰减系数为综合降解系数，一般可以通过模拟区域内不同监测点的可降解物质浓度进行率定。如果没有实测数据做率定，可以参考相关文献中类似区域的污染物降解速率或通过实验得到。在类比其他河流污染因子衰减系数时，应主要类比河流在水温、流速、水质等方面的相似性，一般的水温越高、流速越大、水质越好，污染物衰减系数越大。

6 小结

MIKE11 水质模型是目前应用较多的水环境模型之一。本文结合具体工程案例，分析采用 MIKE11 水质模型用于计算某水库下游环境需水量的方法、步骤及注意事项。MIKE11 水质模型本身并不复杂，但是针对具体工程如何进行边界条件概化，模型参数如何获取等，则需要一定的工程经验。本文对采用一维数值模型法开展河流环境需水量计算的工程实践均具有指导意义。

参考文献

[1] 倪晋仁，崔树彬，李天宏，等. 论河流生态环境需水[J]. 水利学报，2002，9（9）：14-26.

[2] 王西琴，刘昌明，杨志峰. 河道最小环境需水量确定方法及其应用研究（Ⅰ）——理论[J]. 环境科学学报，2001，21（5）：544-547.

[3] 国家环境保护总局环境工程评估中心. 水电水利建设项目河道生态用水、低温水和过鱼设施环境影响评价技术指南（环评函〔2006〕4 号）[S]. 2006.

[4] 制定地方水污染物排放标准的技术原则与方法（GB 3839—83）[S]. 北京：中国标准出版社，1983.

[5] 水域纳污能力计算规程（GB 25173—2010）[S]. 北京：中国水利水电出版社，2010.

[6] 崔起，于颖. 河道生态需水量计算方法综述[J]. 东北水利水电，2008，26（282）：44-47.

[7] Danish Hydraulic Institute（DHI）. MIKE11：a modeling system for rivers and channels，reference manual[R]. Copenhagen：DHI，2007.

浅析鄱阳湖枯水期不同水位与湿地生态响应关系

李红清

（长江水资源保护科学研究所，武汉 430051）

摘　要：鄱阳湖湿地是国际重要湿地，是亚洲最大、最重要的珍禽越冬场所，鄱阳湖湿地具有动态变化、开放和类型多样等特点，湿地植物、湿地鸟类和湿地类型等多样性极为丰富。本文采用机理分析法分析了鄱阳湖枯水期不同水位与鄱阳湖湿地生态的响应关系，从维护鄱阳湖湿地系统开放、生境多样性和栖息地保护等方面提出了鄱阳湖枯水期水位的调控、湿地监测与观测、科研等湿地生态保护的对策与建议，为鄱阳湖水系水资源开发利用与重要湖泊湿地生态保护的协调提供理论参考。

关键词：鄱阳湖；生态保护；枯水期水位；湿地生态；响应关系

鄱阳湖是中国的第一大淡水湖泊，具有丰富的自然资源。鄱阳湖湿地生态系统由许多子系统组成，既有不同水深的湖泊湿地和河流湿地，又有我国湖泊中特有的分布在高低水位消落区的大面积沼泽和草甸湿地，也有泥滩、沙滩分布，在大小圩区内还有许多类型的人工湿地。各系统之间有着复杂的能量、物质循环和流动，且在一定条件下交织在一起，互相转化、互相影响、互相依存、互相作用；这种复合体，既具有湿地的多功能性，也形成丰富的生物多样性，并随着湖泊水位的变化而变化。鄱阳湖枯水期水位变化与鄱阳湖湿地出露的关系极为敏感。

1　鄱阳湖湿地现状

1.1　鄱阳湖水位

鄱阳湖水位受鄱阳湖水系来水及长江干流水情双重影响，水位的高低，对鄱阳湖湿地出露、湿地类型、湿地面积等有着直接影响。鄱阳湖多年水位变化趋势：据 1953—2006 年水文资料，自 10 月开始，湖区水位逐渐开始下降，至 12 月和 1 月降至最低，3 月水位逐渐上升，至 7 月、8 月间升至最高水位。鄱阳湖主要水位站吴城站、都昌站及星子站多年平均水位如图 1 所示（吴淞高程，下同）。

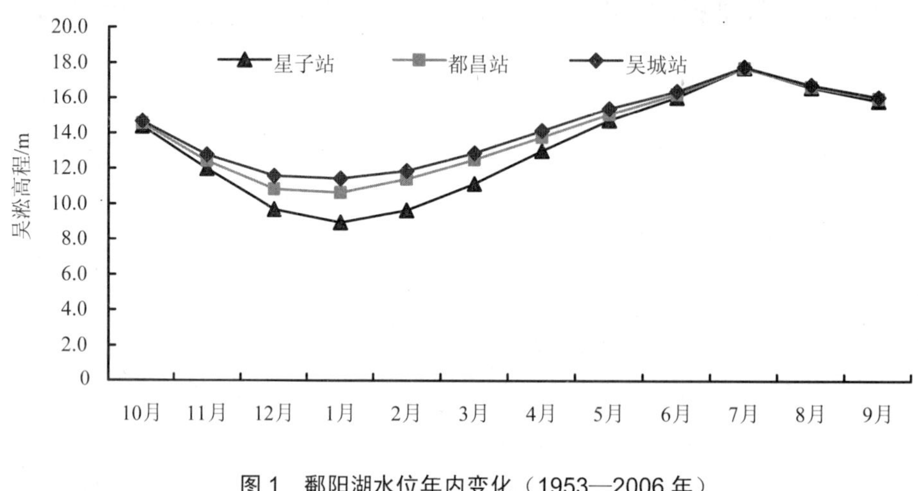

图 1 鄱阳湖水位年内变化（1953—2006 年）

1.2 湿地生态特点

鄱阳湖区湿地生态系统具有开放、动态变化和类型多样等特点。

开放特点：鄱阳湖承接五河及其支流来水，调蓄后经湖口汇入长江；河湖水位受长江水位影响，有时长江倒灌入湖。因此，鄱阳湖湿地受整个大系统的影响，其中最重要的影响因素为降雨。当鄱阳湖水系降雨量大、五河来水量大时，鄱阳湖湿地水位升高；当长江水量亦大时，则湿地水位出现极高值，出现湿地洪泛现象。

动态变化特点：鄱阳湖天然湿地的类型与面积的变化主要源于鄱阳湖水量的变化。出、入湖水量的变化，引起湖水位和水域面积的变化。一般情况下，春季开始水位升高，夏季达最高值，秋季开始回落，冬季达最低值，7 月与 1 月水位相差约 10 m，且年际间水位差异更大，如 1998 年与 1963 年年均水位差达 16.69 m。

多类型特点：鄱阳湖湿地生态系统的多样性包括湿地生物物种多样性和湿地生境多样性。湿地生物多样性主要体现在湿地植物、湿地鸟类和水生动物等。湿地生境多样性主要体现于湖泊湿地、沼泽湿地等多种类型的湿地生境。各类湿地受能量流动与物质循环变化影响而相互转化、相互依存和相互作用。

鄱阳湖丰、枯水文节律变化，直接影响湿地生态系统的动态变化。由于受季节性水位影响，水生草本植物群落与湿生植物有着明显的季节性交替，秋冬后到次年 3 月前，苔草群落有出现秋季和春季 2 次萌生变更，4—5 月后转入以禾本科为优势的群落，涨水后群落结构发生变化。洪水期间，草洲淹没，湖洲上的苔草等草本植物群落转入休眠状态，以马来眼子菜、苦草、狸藻、荇菜为优势植物，很快成为沉水植物群落优势，而芦苇、南荻等仍挺水而生；枯水期间，草洲逐渐显露，沉水植物枯死，其残体布满湖滩，挺水植物仍继续生长，湿生植物竞相萌生，形成鄱阳湖区完整的湿地演替生态系统，为各种水禽栖息提供了良好的栖息地和食物来源。每年 10 月，随着鄱阳湖水位下降，草洲开始出露，大批越冬候鸟陆续到达鄱阳湖。冬季出露的洲滩新生长的植被、泥滩洼地以及湖泊浅水区水是候鸟集中分布区。

1.3 湿地植被

鄱阳湖是中国湿地生态系统中植物资源最丰富的地区之一，分布有高等植物 67 科 181 属 327 种，其中苔藓植物 3 科 5 属 5 种；蕨类植物 6 科 7 属 7 种；被子植物 58 科 169 属 315 种，被子植物是鄱阳湖湿地植物的主要组成成分。

根据鄱阳湖区生态环境和群落特征，湿地植被可分为挺水植被、莎草植被、浮水（叶）植被、沉水植被 4 大类型。挺水植被带、莎草植被带和沉水植被带都比较明显，分布面积较广，浮叶植被带较少见，带状现象不明显[1-2]。

挺水植被分布于高滩地，南荻+芦苇-苔草群丛为该带代表类型，位于高滩地。莎草植被分布于中低滩地，灰化苔草群丛为代表类型；莎草植被是鄱阳湖洲滩上最主要的植被类型。浮水（叶）植被常零星小片分布于沉水植被带内或其外缘，接近泥滩或沙滩一侧，水深约 1 m 的水域；荇菜群丛为代表类型。浮叶型植被是鄱阳湖常见的水生植被类型，带状分布不明显。沉水型植被是鄱阳湖中常见的水生植被类型，位于苔草群落的下部，马来眼子菜-苦草群丛等为本带代表性类型。

在鄱阳湖区挺水植物带、莎草植被带和沉水植物带分别处于鄱阳湖区的高位滩地、中位滩地和低位滩地，但各群落分布在鄱阳湖区各地段存在一定差异，以莎草植被带和沉水植物带为例进行说明。莎草植被带处于鄱阳湖中位滩地，南部康山、锣鼓山一带，高程在 15～16.5 m、中部吴城地区高程在 14.5～16.0 m、北部都昌地区高程为 13.5～15.0 m、星子在 13.0～14.5 m；沉水植物带在南部康山一带，高程在 15.5 m 以下、中部吴城地区高程在 14.5 m 以下、北部都昌地区高程为 11.5～13.5 m。各带植物表现出分布高程由南向北或自上游向下游呈逐渐递降的趋势[3]。

1.4 湿地鸟类

鄱阳湖湿地已成为亚洲物种保护最重要的湿地之一，也是亚洲最大、最重要的珍禽越冬场所。鄱阳湖已知鸟类有 17 目 55 科 310 种，占全国鸟类 25%。鄱阳湖区的鸟类不仅种类多，而且数量也多，特别是水鸟，总数达到 40 万～70 万只，其中越冬水鸟约 30 万只，以雁鸭类为多[2]。

鄱阳湖区有国家Ⅰ级重点保护鸟类 10 种，即东方白鹳、黑鹳、中华秋沙鸭、金雕、白肩雕、白尾海雕、白头鹤、白鹤、大鸨、遗鸥；国家Ⅱ级重点保护鸟类 44 种，包括斑嘴鹈鹕、白琵鹭、白额雁、小天鹅、风头鹃隼、游隼、燕隼、灰背隼、红脚隼、灰鹤等。根据 2007 年 IUCN 世界濒危物种红色名录，鄱阳湖国家级自然保护区内有全球极危鸟类 1 种，濒危鸟类 5 种，易危鸟类 17 种；列入世界严重濒危物种的白鹤，曾观察到 2 800 余只，多年稳定在 2 000 以上，占世界总数的 90%以上；列入《中国濒危动物红皮书》水鸟名录有 15 种，属中日候鸟保护协定的保护鸟类有 153 种，属于中澳候鸟保护协定保护的鸟类有 46 种。

在鄱阳湖越冬的冬候鸟主要是水禽，在鄱阳湖全湖区湿地中都有分布，但主要分布于鄱阳湖湖西的吴城附近的赣江、修水入湖三角洲前缘的洲滩、洼地中，即鄱阳湖国家级自然保护区。珍禽的活动、觅食区主要分布于在水位线附近水深不足 0.5 m 的沼泽地带中，随水位的下降，活动区向洼地中心推移。珍禽于每年 10 月下旬来到水边湿地，次年 3 月中旬飞离。在洼地中，它们的食物来源是浅水区的水生植物、环绕于洼地淤泥中的软体动物以及少量小鱼虾。冬候鸟主要栖息地和觅食地有深水水域、浅水洼地、泥滩和草滩，其中浅水洼地和泥滩尤其重要。因此，维护鄱阳湖区湿地类型多样性，有利于维护冬候鸟的生境类型多样性。

1.5 重要湿地

鄱阳湖区以越冬候鸟和湿地生态系统为主要保护对象的重要湿地 14 处[4]，包括：国家级 2 个，鄱阳湖自然保护区和南矶湿地自然保护区；省级 2 个，江西青岚湖自然保护区和江西都昌候鸟自然保护区；另外还分布有 10 个县级自然保护区。这些重要湿地基本覆盖了鄱阳湖湖泊水域。

2 枯水期不同水位与鄱阳湖湿地生态的响应关系

为分析枯水期水位变化与鄱阳湖湿地生态响应关系，结合鄱阳湖地形测量成果，采用 GIS 系统提取与统计分析鄱阳湖枯水期代表性水位对应的各类湿地类型、分布数量的面积变化，结合鄱阳湖水文天然节律变化规律、湿地动态变化、湿地多样性及开发性等特征，采用机理分析法，分析期水期鄱阳湖不同代表性调控水位（12～14 m）与鄱阳湖湿地出露的变化，进而分析枯水期不同水位与鄱阳湖重要湿地生态的响应关系。

2.1 与鄱阳湖区湿地的响应关系

天然状态下鄱阳湖水位随季节的不同而不断变化，鄱阳湖湿地类型也随之不断发生变化。鄱阳湖湿地类型和面积随着年内水位变化从时间和空间分布上呈现动态的变化过程，10 月至次年 2 月，湿地类型丰富而富于变化，并随着水位逐渐下降，鄱阳湖湿地洲滩逐渐显露，湿地拼块类型、频度均呈增加，湿地生物在鄱阳湖湿地区域逐渐呈现，使鄱阳湖湿地类型呈现出多样性和变化性。

假定枯水期鄱阳湖水位保持在一定水位时，湿地类型的变化表现为：枯水期水位以下的鄱阳湖湿地类型趋于简单化、同质化，趋向于仅存水域湿地一种湿地类型的状况，而泥滩、沼泽湿地类型将随着枯水期水位升高其相应面积减少甚至消失。枯水期水位保持在 12 m、13 m、14 m 以下时，湿地淹没比例分别低于 15%、30%和 50%。鄱阳湖湿地出露大小取决于枯水期鄱阳湖水位的高低，枯水期水位越高，对湿地生态系统功能的影响越大（图 2）。

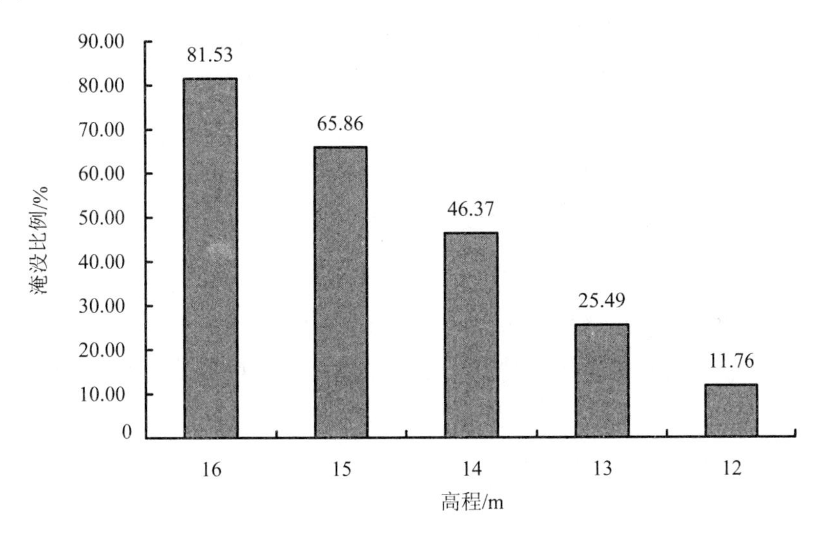

图 2　枯水期不同调控水位对鄱阳湖区湿地出露影响

鄱阳湖枯水期水位控制在 12～13 m 时，将改变天然状态下鄱阳湖水位 11 月 1 日至次年 3 月 31 日各月星子站水位自现状的 11.99 m（11 月）、9.68 m（12 月）、8.94 m（1 月）、9.64 m（2 月）和 11.14 m（3 月）自然节律波动状态，枯水期各月水位自 10 月至次年 3 月水位的逐渐降低过程消失，从而使鄱阳湖区湿地生态系统湿地类型从草滩→泥滩→浅水洼地等逐渐显露过程削弱，其变化范围在都昌至星子之间的鄱阳湖区，其变化范围约占全湖湿地总面积的 25%；主要影响时段在枯水期的 11 月至次年 3 月。自都昌以下至星子间的鄱阳湖区湿地类型以湖泊水域为主，在天然状态下随水位下降而逐渐出露的草甸、泥滩和浅水洼地（沼泽）类型的湿地消失；而自吴城以上鄱阳湖区湿地类型基本保持了在天然状态下随水位下降而逐渐出露的草甸、泥滩和浅水洼地（沼泽）类型的湿地动态变化的湿地特点，仅局部区域湿地类型的分布范围发生变化。枯水期控制水位以上区域仍保持了原有湿地动态变化及自然消落过程。

2.2 与鄱阳湖区重要湿地的响应关系

当枯水期水位为 13 m、14 m 时鄱阳湖湿地出露影响相对较大，本节以鄱阳湖枯水期水位 12 m 进行分析。鄱阳湖区重要湿地南矶湿地自然保护区和青岚湖自然保护区位于鄱阳湖南部，地势较高，枯水期洲滩一般高于 12 m。枯水期维持水位 12 m 时，与这两个自然保护区的响应关系不敏感；鄱阳湖国家级自然保护区和江西都昌候鸟省级自然保护区位于鄱阳湖北部，地势较低，枯水期水位变化与这两个自然保护区湿地出露的响应关系敏感。

（1）江西鄱阳湖国家级自然保护区

在鄱阳湖国家级自然保护区湿生植物带、挺水植物带和沉水植物带分别处于鄱阳湖区的高、中和低位滩地，其中，挺水植物带分布高程 16.0～18.0 m，湿生植物带在主要高程 14.5～16.0 m，沉水植物带 14.5 m 以下区域。挺水植物主要为荻+芦苇+菊叶陵菜群落为主，湿生植物以苔草群落为优势，沉水植物在 13.8～14.5 m 区域多为泥滩，以马来眼子菜+苦草为群落为主，而保护区的常年积水区则以马来眼子菜-苦草+黑藻群落带为主。根据鄱阳湖区 1998 年地形资料，鄱阳湖自然保护区不同高程对应的湿地面积分析，鄱阳湖挺水植物带（18.0～16 m）分布面积约 20.00 km^2，湿生植物带（16.0～14.5 m）分布面积约 68.40 km^2，14.0～13.5 m 沉水植物带分布面积约 83.31 km^2，13.5 m 以下沉水植物带分布面积 50.77 km^2。可见，14 m 以下沉水植物约占鄱阳湖自然保护区总面积近 60%，是保护区珍禽鹤类、鹳类、鸭类、鹭类、天鹅、鸿雁、鹈鹕和鸥类等的主要栖息地和觅食地。

鄱阳湖自然保护区水位以吴城水位站 1953—2006 年实测资料统计，一年中从 10 月的 14.66 m 消落至次年 1 月的 11.42 m，保护区顺次出现水位消落区、低水位波动区和常年积水区等不同湿地生态位。当鄱阳湖枯水期水位保持在 12～13 m 时，对照吴城水位站的水文多年观测资料，自 9 月开始，吴城地区的水位随鄱阳湖枯水期到来，水位自 9 月的 16 m 降到 1 月最低水位 11.42 m，相应地，保护区各个子湖及其外湖水位逐渐下降。鄱阳湖自然保护区的 9 个子湖中除大汊湖外，其他子湖湖底高程高于 13 m，鄱阳湖自然保护区 13 m 以下的区域主要分布于大汊湖范围，大汊湖为开口湖泊。对应于鄱阳湖自然保护区典型湿地生态断面的结构与功能分析，当鄱阳湖枯水期水位为 12～13 m 时，鄱阳湖国家级自然保护区除大汊湖外的 8 个子湖湿地基本维持自然显露过程，与这些子湖自然湿地的响应关系不明显。根据对保护区不同分布高程的面积统计分析，鄱阳湖自然保护区 12 m 以下区域面积为 2.53 km^2，占保护区总面积的 1.1%；12～13 m 的面积约 18.32 km^2，占该保护区总面积的 8.2%。由此分析，鄱阳湖枯水期水位保持 12 m 时，对鄱阳湖自然保护区的湿地出露影响较小；枯水期水位保持 13 m 时，对大汉湖自然显露将产生一定影响，该保护区湖泊湿地类型增加，沼泽湿地和浅水洼地将有所减少，减少了大汉湖湿地冬候鸟适宜栖息范围。

（2）江西都昌候鸟省级自然保护区

都昌候鸟省级自然保护区位于鄱阳湖东北部。以都昌水位站 1953—2006 年实测资料统计，一年中枯水期从 10 月的 14.55 m 消落至次年 1 月的 10.63 m。以 1998 年地形资料分析，都昌候鸟省级自然保护区地势较吴城低，其常年积水区水位约为 11 m 以下，分布有沉水植物马来眼子菜、苦草，其分布面积约 43.95 km^2，占保护区面积的 10.7%；低水位洲滩为 11～13.5 m，主要分布沉水植物，为马来眼子菜、苦草，其分布面积约 283.84 km^2，占保护区面积的 69.1%，此高程范围是保护区湿地的主要分布区；13.5～15.0 m 主要分布湿生植物带，为苔草群落带，其分布面积约 32.26 km^2，占保护区面积的 7.8%；15～17.5 m 分布挺水植物，主要分布荻、芦苇，其分布面积约 17.43 km^2，占保护区面积的 4.2%。该保护区 11～15 m 范围是湿生植物和沉水植物的分布区，占保护区总面积的 77.9%。

当鄱阳湖枯水期维持水位 12 m 时，该保护区 11～12 m 渐次显露过程消失，影响面积 98.32 km^2，占该保护区面积的 23.9%，主要影响该保护区低位地沼泽湿地和浅水洼地等湿地类型自然出露；当枯水期水位为 13 m 时，该保护区 11～13 m 渐次显露过程缩小甚至消失，影响面积 239.14 km^2，占保护区面积的 58.2%，影响该保护区中低位地泥滩地、沼泽湿地和浅水洼地的渐次出露。据此分析，当枯水期鄱阳湖水位维持 12 m 时，将影响该保护区 23%以上的洲滩湿地自然出露；枯水期水位维持 13 m 时，将影响该保护区 58%以上的洲滩湿地自然出露，影响范围大，淹没影响的植物主要是马来眼子菜、苦草等沉水植物，以及随水位自然下降而呈现的浅水区转变为深水区，使植食性（马来眼子菜、苦等）和杂食性（鱼、虾等）的候鸟觅食地和栖息地范围大大缩小，扩大了喜深水生活鸟类生境，但由于保护区的候鸟多为喜浅水洼地的冬候鸟，因此，枯水期鄱阳湖水位维持在 12～13 m 时将对都昌候鸟省级自然保护区的结构与功能产生一定的不利影响。

2.3 综合分析

鄱阳湖枯水期保持一定水位对湿地生态系统的影响较为复杂，一方面枯水期维持适宜的低水位在一定程度上可缓解鄱阳湖枯水期水位降低过快、湖水位消落过低导致沉水植物存量减少甚至沉水植物大量死亡对湿地生态系统的不利影响，对维护鄱阳湖生态系统具有一定的积极作用；但另一方面枯水期保持在某特定水位下将一定程度上改变鄱阳湖湿地原有开放、动态变化的自然特性，导致枯水期特定水位以下范围的湿地生态类型趋于单一，对鄱阳湖越冬鸟类的觅食、栖息产生不利影响，鄱阳湖枯水期水位越高对其湿地生态影响越大。

3 湿地生态保护对策与建议

（1）维护鄱阳湖湿地动态变化、类型多样的生境特点

建议在鄱阳湖水系水资源开发利用中应考虑鄱阳湖湿地生态系统动态变化过程：①需考虑鄱阳湖水位自 10 月至次年 3 月水位天然变化与重要湿地生态的响应关系，以维护在鄱阳湖形成时间和空间上动态变化和生境类型多样的湿地生态系统；②鄱阳湖枯水期水位的变化，水资源综合调度应尽量考虑采用低水位的自然变化需求，以有利于维护湿地生态系统动态变化过程。

（2）根据湿地动态监测与试验研究成果拟订湿地生态保护的适宜水位

通过湿地生态动态观测与研究，以及湿地试验性的研究成果，拟订适宜的鄱阳湖枯水期湿地生态保护的水位调控原则，重点考虑：①响应鄱阳湖湿地生物特别是作为候鸟食物源（湿地植物、底栖动物、鱼虾类）所需的生长环境（水位、水深、光照、透明度、底质、温度、湿度）、湿地生物生长与发育规律；②响应鸟类特别是候鸟觅食与栖息环境要求，觅食水深、水位、水质、温度等要求。

（3）保护冬候鸟栖息地

鄱阳湖广布不同级别湿地自然保护区，湿地生物多样性丰富，且是世界性候鸟的中转站，在国际上对保护候鸟具有重要意义。建议在鄱阳湖水系水资源开发利用中，充分考虑湿地和候鸟保护的生态需求，实行水位的适应性调度，保护好鄱阳湖越冬候鸟的栖息地和觅食地。

（4）开展多层次、多专业的湿地保护研究，加强湿地生态监测与观测

由于鄱阳湖湿地生态环境极为敏感，在国际、国内湿地生物特别是湿地鸟类保护方面具有全球意义、流域性、区域性意义，供科学依据，需加强对鄱阳湖水文、湿地植物和候鸟的动态监测，以获取系统的科学数据，开展多层次、多方面、多专业的综合影响研究，为鄱阳湖水系水资源利用提供科学依据。

参考文献

[1] 吴英豪，纪伟涛．江西鄱阳湖国家级自然保护区研究[M]．北京：中国林业出版社，2002.

[2] 刘信中，叶居新．江西湿地[M]．北京：中国林业出版社，2000.

[3] 朱海红，等. 三峡工程对鄱阳湖湖泊功能及生态环境的影响预测研究//中国科学院三峡工程生态与环境科研项目领导小组．三峡工程对生态与环境影响及其对策研究论文集[M]．北京：科学出版社，1987.

[4] 环境保护部自然生态保护司．全国自解保护区名录[M]．北京：中国环境科学出版社，2012.

二、下泄生态流量监测与管理

关于水电工程生态流量实时监测技术发展的思考

陈国柱　杨　杰　赵再兴

（中国电建集团贵阳勘测设计研究院有限公司，贵阳 550081）

摘　要：水电工程造成的水文情势变化是影响河流生态环境的直接原因，需要合理确定所需生态流量并有效管控，建设生态流量实时监测系统是实现生态流量监控的重要措施。通过对国内已建水电工程生态流量实时监测系统的技术总结，识别生态流量实时监测目前存在的主要问题，从技术角度提出了未来生态流量实时监测技术的发展方向，为后续水电工程环境影响评价、环境保护设计、运行管理提供参考。

关键词：水电工程；生态流量；实时监测技术；发展

1　前言

水电工程建设运行造成的水文情势变化是影响河流生态环境的直接原因，维持适宜的生态流量是减缓水电工程环境影响的重要措施。一方面，需要合理确定所需的生态流量；另一方面，需要切实落实并有效管控[1-4]。目前，国家、行业管理部门已将下泄生态流量并建设实时监测系统作为水电开发的必备措施，且在近年来开工建设的一批水电工程中也予以落实，但其监控方式、技术要求等尚未形成规范化、信息化管理，尚未充分发挥其应有的效果，这也是未来水电环保技术发展的重要方向之一。

2　生态流量实时监测系统的建设需求

生态流量实时监测系统建设有着其外部和内部的必然需求，首先是满足环保管理部门的监管要求，其次也是优化电站运行管理、提高科学决策水平的内在需求。

（1）满足水电工程运行期环境监管的需要

水电工程的首要开发任务是发电，而下放生态流量会直接影响电站的发电效益。在当前仍然十分重视 GDP 绩效考核的制度下，如果建设单位环境意识和社会责任感不足，即便工程建设有生态流量泄放措施，工程运行后都可能不愿意泄放生态流量，因此必须建设下泄生态流量自动测报和远程传输系统，将生态流量泄放纳入工程环保监管体系，这也是贯彻落实当前建设项目事中事后环境保护监督管理的必然要求。

（2）是优化电站运行管理的内在需求

近年来在环保部门批准的水电工程环境影响评价文件中，都对工程运行以后生态流量“放多少、怎么放”提出了明确要求，从生态基流和下泄过程两个角度都有具体量化指标。但目前大多数水电工程生态流量泄放措施仅考虑了泄放能力的要求，在电站运行调度中，还需结合下游河道水量变化情况调控下泄流量；只有通过建设生态流量实时监测系统，获取生态流量实时监测数据，才能实现生态流量泄放措施的科学调度和有效运行。

（3）可实现生态流量调控的信息化管理

信息化技术的快速发展为工程运行维护、环境管理提供了更加高效的手段，通过开展生态流量实时监测，将电站下游河道生态流量监测数据借力于当前快速发展的互联网、大数据、云平台等先进信息技术，可以实现水电工程生态流量调控的信息化管理，在此基础上构建河流生态需水技术保障体系，提高科学决策水平。

3 目前国内已采用的技术类型与特点

2005 年以后批准建设的雅砻江锦屏二级水电站、金沙江龙开口水电站、鲁地拉水电站、乌江沙沱水电站、北盘江马马崖水电站、董箐水电站，黄河玛尔挡水电站、大渡河枕头坝二级水电站、木里河立洲水电站等一些大中型水电工程在生态流量实时监测方面进行了积极尝试，积累了一定经验。总的来看，目前建设的生态流量实时监测系统主要有以下几类：

（1）安装流量计

这种测流方式仅适用于生态流量专用泄放通道（管道或隧洞），其中较为典型的例子是锦屏二级水电站。通过在生态流量泄放洞进口工作闸门后安装 2 套流量计，共输出两路信号，一路通过 8 芯光缆和光电转换设备将生态流量数据传送至电站计算机监控系统的溢洪门控制单元，并通过电站计算机监控系统上传至成都电站集控中心；一路预留，实现实时传送数据、储存数据。

（2）在坝下建设水位自动观测站

这种测流方式是在坝下顺直河段建设水位自动观测站，建立断面水位-流量关系，通过实时测定断面水位数据转换为河道实时流量数据。其中较为典型的例子是金沙江龙开口水电站、鲁地拉水电站。水位自动测量站连接电站远程监控系统，流量监测数据实时发送至电站远程集控中心，供电站运行管理单位记录、存档和环境保护行政主管部门监督。同时水位自动测量站具有数据储存功能，长期备份流量监测原始数据。水位采集可采用压力式、雷达式自动采集方式，通信方式一般为 GSM 数传模块或北斗卫星通信。

（3）多普勒流速仪（H-ADCP）测流

多普勒流速仪测流原理是利用声波中的多普勒效应，通过一定方法测定河流的平均流速和过水面积来计算流量。通常是将多普勒流速测量传感器探头固定安装在水面下某一水深处，通过超声波传感器分别向对岸和水面发射超声波，根据反射回来的声波频率可计算河道平均流速和水位，并据此计算实时流量。这种技术在黄河玛尔挡水电站得到应用：在测流断面布设H-ADCP多普勒流速仪，同时利用走航式ADCP进行断面测量，确定H-ADCP系数；由软件实现原始数据在线采集、处理及入库。入库数据由 GPRS 通信方式传输至电站中控室，通过 GPRS 通信方式传输数据，实现实时自动向电站中控室报送垂线流速、水位、流量等数据。

（4）非接触式测流方式

非接触式测流是近来发展起来的一种在线测流方式，测流原理是利用河道紊流产生的短波布拉格散射对表面流速进行遥感测定，当雷达传送非均匀流表面信号时，非均匀流表面的厘米波即反向散射体会导致多普勒频移的发生，监测仪对接收到的信号进行分析处理，计算流量。这种技术在木里河立洲水电站得到实际应用：通过在生态小机组尾水渠出口下游约 1.2 km 的立洲大桥上布设遥测站断面，设置 3 个监测探头，1 个水平 360°转动摄像头，由遥测站采集流量数据，并通过网络将流量数据实时传输至中心站处理并保存。用户可通过远程连接到服务器查询生态流量运行情况。

（5）在泄流闸门设置监控仪

某些水电工程设计通过泄洪闸门下放生态流量，这种情况可以在泄洪闸门安装闸门开度仪，通过监控闸门实时开度和库区水位，转化为流量实时数据。闸门开度测控仪是由绝对值型旋转编码器、自动收缆装置或其他形式的耦合器、显示、控制器、传输电缆、RS-485数字通信接口等部分组成，闸门运动通过耦合器带动传感器旋转，即可输出与闸位相对应的格雷码编码信号。闸门开度仪实时采集数据，通过 RS-485 总线传输给通信网络数据传输终端。

（6）提取电站出力数据转化为发电流量实时数据

这种实时测流方式主要是用于一些采取基荷发电作为生态流量下放措施的水电工程。如北盘江董箐水电站，通过电站自身建设的发电调度系统和监控系统，采集机组出力数据转换为发电流量；在电站中控室设置一台服务器作为数据服务器。通过以太网总线从水情测报系统和机组 EMS 系统取得 24 h 的实时生态流量数据。客户可以通过远程连接到服务器查询生态流量运行情况。

这几种实时测流方式各有其优缺点和适用范围，见表 1。

表 1 水电工程几种实时测流方式比较

测流方法	优点	缺点	适用范围
安装流量计	简单易行，投资省，测量结果准确	只能针对特定对象使用，维护难度较大	只适用于断面尺寸固定的生态流量泄放洞或生态管
建设水位自动观测站	技术成熟，适用性强，功能可靠，维护方便	建设工程量大，投资高，测量精度一般	适用于各种水电工程，尤其是一些大江、大河上的水电站，往往与水情自动测报系统一起建设
H-ADCP 测流	土建投资小，技术成熟，结构简单，测量精度高	测量探头须安装在水底，对水底地形和河流流态有一定要求	适用于各种水电工程
非接触式雷达波测流	非接触式，土建投资小，不受水位变动影响，维护方便	只能测定表面流速，测量精度一般，受雷达波探头布设限制，在大江、大河上适用性较差	适用于河宽不大的一般河流
安装闸门开度仪	简单易行，投资省	仅针对特定对象，适用性较差	仅适用于泄洪闸门下放生态流量的测流，只能作为一种辅助手段
提取电站出力数据	简单易行，投资省	数据受人为控制影响，数据精度差	仅适用于采取基荷发电方式，只能作为一种辅助手段

4 水电工程生态流量实时监测中存在的问题

根据对近年来一些水电工程生态流量实时监测系统建设、运行情况的梳理，结合水电开发生态保护与技术发展需要，总结出目前生态流量实时监测在技术标准、系统功能、监测范围、监测结果响应反馈、信息共享等方面还存在一定局限性。

（1）缺少统一的技术标准予以规范管理

生态流量实时监测系统在设计、建造、设备、运行等各方面目前都缺乏统一的技术管理标准，已建系统基本都是参照水利行业水情自动测报系统相关技术规范，致使某些生态流量实时监测系统并不能完全反映生态流量实际下放的特点。比如有些工程是依托下游的水情自动测报站建设生态流量实时监测系统，而依托的水情测报站距大坝有一定距离，中间还有支沟汇入，其监测结果并不能反映电站下放的实际生态流量。

（2）现有生态流量监测系统功能单一

根据调查，现有的生态流量实时监测系统功能设计较为单一，仅监测流量一项指标，而表征河流生态系统健康状况通常涉及流量、流速、水位、水温、总溶解性气体等多因子，现有监测系统功能还不能完全满足今后工作需求。

（3）监测系统服务范围局限在电站枢纽区

现有的生态流量监测系统服务范围基本局限在电站枢纽区，主要是针对生态流量泄水口或下游附近河道，缺乏流域梯级电站生态流量系统监测，也缺乏针对下游水生态敏感区域（如鱼类集中产卵场）的实时监测。

（4）实时监测成果响应反馈机制还有待完善

从水电工程目前的运行管理现状来看，生态流量实时监测成果还没有纳入电站运行管理的决策因素当中，监测数据往往流于形式，监测成果的预警、响应反馈机制还有待完善，需要结合电站生态调度管理要求优化电站运行管理决策机制。

（5）监测信息未有效共享并充分利用

建设生态流量实时监测系统的主要目的是通过监测数据，分析生态流量泄放措施的实际效果，以及对下游河道河流生态系统健康状况的保障程度，并据此对工程生态调度方案进行优化和完善。但实际监测数据目前仅由建设单位掌握，对监测数据的分析利用还停留在初级阶段，监测信息还未能充分实现共享并有效利用。

5 对生态流量实时监测技术后续发展的思考与建议

（1）加快制定行业技术标准

2015年国家能源局以“国能科技〔2015〕283号”文件批准开展水电工程生态流量实时监测系统设计规范的编制工作。在该规范编制过程中，从生态流量实时监测系统全过程考虑，将其升级为生态流量设计、建造和运行管理的技术规范，从系统功能、监测布点、测流方式、通信与数据处理、运行管理等全过程规范技术要求。建议加快制定《水电工程生态流量实时监测设备基本技术条件》，规范监测设备技术要求。

（2）实施多因子联合实时监测

河流生态系统健康状况是涵盖流量、流速、水位、水温、总溶解性气体等多因子指标的集合，后续工作需要统筹考虑流量、流速、水温、总溶解性气体等多因子联合实时监测，以科学评估水电开发对河流生态系统健康状况的影响。

（3）构建形成流域监测体系

应从整个流域水电梯级开发尺度构建形成生态流量流域监测体系，充分考虑局部和整体、上游和下游，以及与重要生态敏感区的关系，避免孤立的、片面的看待生态流量监测问题，形成“整个流域一盘棋”，统筹规划、科学实施。

（4）充分利用先进技术手段

大数据、互联网、云技术、无线技术等是今后生态流量实时监测技术的发展方向。应充分利用当今先进信息技术手段，实现生态流量监测信息广泛互联共享，构建工程生态流量预警、反馈机制，实现从被动防范到主动监管的转变。

（5）对已建水电工程补设实时监测系统

我国是大坝建设的大国，已建有 8 万多座大坝，绝大部分建于新中国成立后至 2000 年，工程建设时基本都没有考虑下放生态流量。通过流域回顾性评价、项目后评价，解决“老”水电工程带来的生态问题，对已建工程补设生态流量实时监测系统，也是今后一项重要课题。

参考文献

[1] 杜强，谭红武. 生态流量保障与小机组泄放方式的现状及问题[J]. 中国水能及电气化，2012，94（12）：1-6.

[2] 王方亮. 浅议水电站建设下泄生态流量的管理[J]. 水电站设计，2013，29（1）：79-82.

[3] 孙显春，龚兰强. 马马崖一级水电站生态流量保证措施设计与研究[J]. 贵州水力发电，2012，26（2）：38-41.

[4] 罗建平，周杰. 浅议水电站最小下泄流量在线监控系统建设[J]. 信息技术，2012，70（10）：35-37.

基于二维码技术的环境流量管理系统构建及应用

黄　伟[1]　刘晓波[1]　彭文启[1]　朱自强[1,2]　马　巍[1]

（1. 中国水利水电科学研究院，北京 100038；2. 河海大学环境学院，南京 210000）

摘　要：针对我国环境流量管理中公众参与途径受限、方式受限等问题，基于二维码技术和快速发展的移动终端，提出了一种新型、高效的环境流量管理系统的架构。同时，以虎跳峡风景区的环境流量为例，根据景区的特征，构建一个虚拟的环境流量管理系统，通过统计分析公众意见，提出了虎跳峡景区的环境流量范围，可为金沙江上游水利水电开发提供参考。研究认为，环境流量管理系统不仅有利于各利益相关团体以及广大民众更全面了解管理部门的目的，也可以使他们更为广泛地参与到环境流量管理中来，避免传统方式存在的样本数量低、覆盖面不广、成本高、反馈不及时、效果不显著等问题，对实现我国环境流量管理提供了技术支撑。

关键词：环境流量；公众参与；二维码；景观质量

1　研究背景

筑坝、引水等人类活动严重改变了河流的水文情势，对河流生态系统造成了巨大的影响，已引起了社会各界的广泛关注[1-2]。为更好地平衡水资源开发利用与生态保护之间的矛盾，实现可持续性发展，我国先后出台了一系列环境流量相关（也称生态流量）的政策与措施。其中政策方面，《建设项目水资源论证导则》规定了涉水工程必须保证最小下泄流量的有关要求；《全国水资源综合规划》中提出了河流生态环境需水量的具体要求；2015年国务院正式颁布的《水污染防治行动计划》中明确提出维持河湖基本生态用水需求，尤其是保障枯水期生态流量。此外，生态流量作为重要组成部分已正式纳入水利水电工程的环境影响评价中，并成为一些水利水电工程建设的限制性的条件。方法与措施方面，生态流量的计算方法有了较大的发展，引进和开发了一些相对更为先进的方法，如整体法、适应性管理方法、ELOHA 法等。此外，一些工程也尝试开展一些调度措施，比如生态调度[3]、人工造峰[4]，尽可能使河流的流量过程接近天然水流过程，避免流量过程单一、稳定。可见，环境流量的研究是当前研究的热点问题，也是我们河流保护的重要内容，相应的管理要求也越来越高。

然而，我国河流生态需水研究整体上仍处于发展阶段，多数研究仍主要集中在环境流量计算方法方面，对如何实施这些方法或者保证环境流量等管理方面的研究却较少[5]。而且，已开展环境流量管理方面的研究也存在一定的问题。例如，我国环境流量管理方式采取集权制，公众几乎不参与环境流量的管理，管理者主要为政府主管部门和为数甚少的相关单位，这使环境流量管理大大偏离了其公众行为的属性[6]。此外，近年发展起来的一些较为先进的环境流量管理方法，如适应性管理法[6]、ELOHA 法[7]等均认为环境流量管理是一种典型的多方决策问题，其中公共参与是环境流量管理中的一个重要组成部分（图 1）。

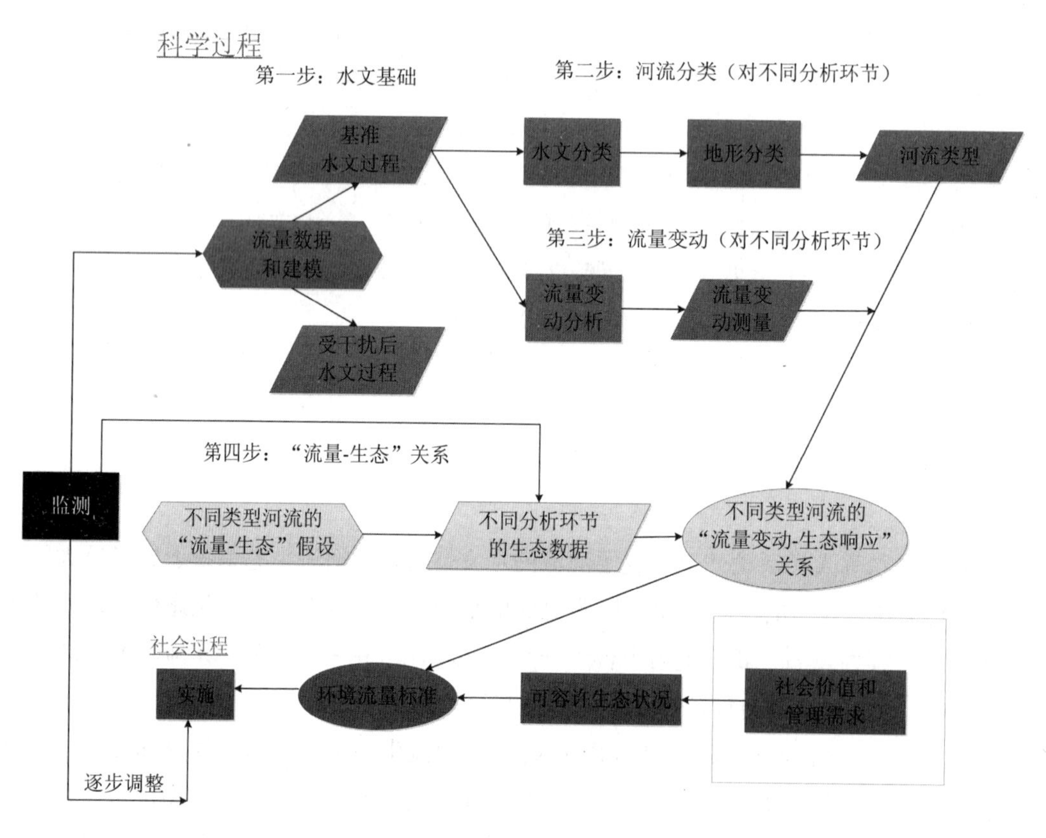

（a）

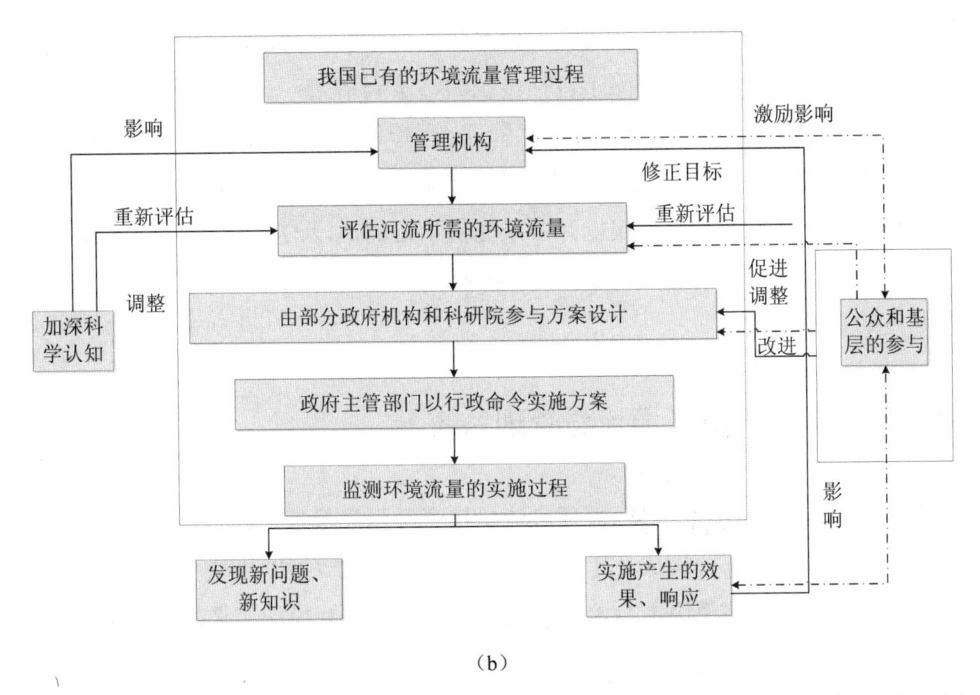

（b）

注：图（a）的框架包括科学过程和社会过程两类。蓝色部分表示的是水文分析与分类，绿色部分表示的是流量变化-生态反应关系的探索，橙色部分为社会过程的调整，将所得信息与社会价值相协调，以制定环境流量标准。图（b）为环境流量管理过程的具体实施。

图 1　典型环境流量实施过程

我国学者的研究也表明公众参与有助于对环境流量的认知更为全面系统、实施更加有保障[8]，一方面，公众可以了解政府这项行为的过程、效果，了解自己身边的河流是否处于健康的状态，并根据实施的效果去分析原先方案的优劣，自身在哪些方面可以参与改善和保护河流；另一方面，实施的效果也会告诉公众河流的环境流量应该处于什么状态，目前在什么状态，政府的管理都起了什么作用。然而，目前我国环境流量管理的公众参与尚处于初始阶段，已有的参与多集中在建设项目的环境影响评价环节。此外，公众参与的途径、方式受限，信息受体针对性不强。因此，借助当前新型信息技术，开发新型、高效的环境流量公众参与管理系统是值得探索的方向，当前技术背景条件下也是一个较好契机。

2　二维码技术

二维码（2D code），或称二维条形码（Two-dimensional bar code），最早出现于日本。它是把图片、声音、文字、签字、指纹等以数字化的信息进行编码，用横向和纵向两个方位的条码表示出来。用户通过扫码可实现信息的快速读取。如今，二维码正快速进入并改变着人们的生活。二维码的应用除了包括传统的二维码请柬、二维码展示海报、二维码签到等生活服务业务。还包括海关安检、证件管理、医疗领域、国防领域等商务服务业务[9-14]。利用二维码技术方便快捷的性能，针对我国环境流量存在的问题，可以开发一些基于二维码技术的环境流量管理系统，不仅能为公众提供丰富的河段的文字、声音、图片介绍，而且还能提供问卷调查等互动方式，显然，二维码技术是一种潜在提高环境流量研究和管理公众参与度的重要措施。

3 基于二维码技术的环境流量管理系统

二维码环境流量管理系统由河流环境流量信息数据库模块、公众接入端模块、交互模块和数据后处理模块 4 部分构成，其中河流环境流量信息数据库模块主要承载河流的基本属性的介绍，公众接入端模块主要承担公众号的传播，交互模块主要用来收集公众对关注河段的环境流量的意见与建议，数据后处理模块主要进行对公众意见的汇总与分析。

（1）信息数据库模块

环境流量管理信息数据库模块为扫码后进入的网络界面，涵盖的内容非常丰富，根据二维码科普系统的读取特点及顺序，可把环境流量信息数据库模块的内容分为三层：第一层为河流基本属性；第二层为环境流量的基本情况；第三层为扩展链接阅读。三层内容所涵盖的河流环境流量信息列举见表 1。

表 1　环境流量信息数据库模块

内容分级	建议字段	主要内容
第一层	基本信息	地理位置、河流名称、河段的名称、河段的长度、坡降、底质等
	水文特征	水位、流量、汛期长短及出现的时间、有无结冰期、水能蕴藏量、含沙量等
	管理属性	水功能区划、水质目标、保护鱼类、生物的等级
	开发状况	开发利用状况、规划方案等
第二层	环境流量	天然流量过程
		环境流量的计算方法
		环境流量的大小及过程
		环境流量满足程度分析
第三层	扩展阅读	链接到专业信息网站，获取更多的河流信息以及国内外成功的案例

（2）公众参与接入端模块

公众参与接入端模块主要是环境流量管理部门向微信平台申请相应的微信账号，获得认证标识，并根据管理需求制定相应的菜单。通常，标识牌布置的位置可以是河流、当地主管行政部门、各个流域管理机构，以及国家主管行政部门。

（3）交互模块

公众交互模块是管理部门与公众交互的平台，一方面，管理部门可通过交互模块向广大公众提供参与的内容，如问卷调查；另一方面，公众可通过交互模块向管理部门提交相应的意见与建议。

（4）数据后处理模块

数据后处理模块是对所有公众意见进行初筛、整理、分类、统计、分析等一体化的技术。通过后处理模块可以得到传统调查问卷的分析结果，并且可以通过特定的形式显示分析的结果。整体而言，分析过程更为准确、高效，可为环境流量管理部门提供更为可靠的参考依据。

4 研究案例

虎跳峡位于云南省中甸东南部，距中甸县城 105 km，江面最窄处仅 30 m 左右，江心有一个 13 m 高的大石——虎跳石（图 2），巨石犹如孤峰突起，屹然独尊，江流与巨石相互搏击，山轰谷鸣，气势非凡，形成了世界上著名的大峡谷，列为我国 AAAA 级风景区。然而，根据金沙江上游相关规划，未来一大批水利水电工程即将投入建设，水文情势变化势必会影响虎跳峡景区的景观质量。因此，开展虎跳峡景区环境流量研究非常有必要。

图 2 虎跳石景区

通过对虎跳峡河段的调查与分析，发现虎跳峡的景观效果主要由水流与石块的相互作用形成，并且虎跳峡景观与水流大小呈现一一对应关系，即一定的流量造就一定的景观效果。反之，一定景观效果必然对应一定的流量（图 3）。同时，虎跳峡景区每天都有各式各样的游客，每位游客对景区的效果均有一定的感受，即可以通过公众调查，得到虎跳峡不同时间景观质量得分。由上分析可知，通过构建一个环境流量管理系统（图 4），通过微信公众号和手机终端等，邀请大量景区游客参与对不同时刻的景观的评估，然后对游客的评估意见进行分类统计，得出一年内不同时间的景观质量效果得分及频率（概率），反推一定可接受范围（置信区间）条件下流量，并以此流量作为景区的环境流量，为上游水利水电工程开发及运行提供依据。

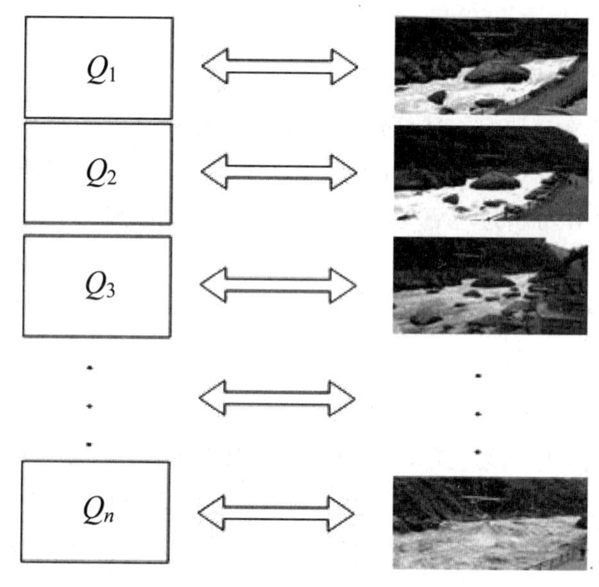

图 3　流量与虎跳峡景观效果的对应关系示意

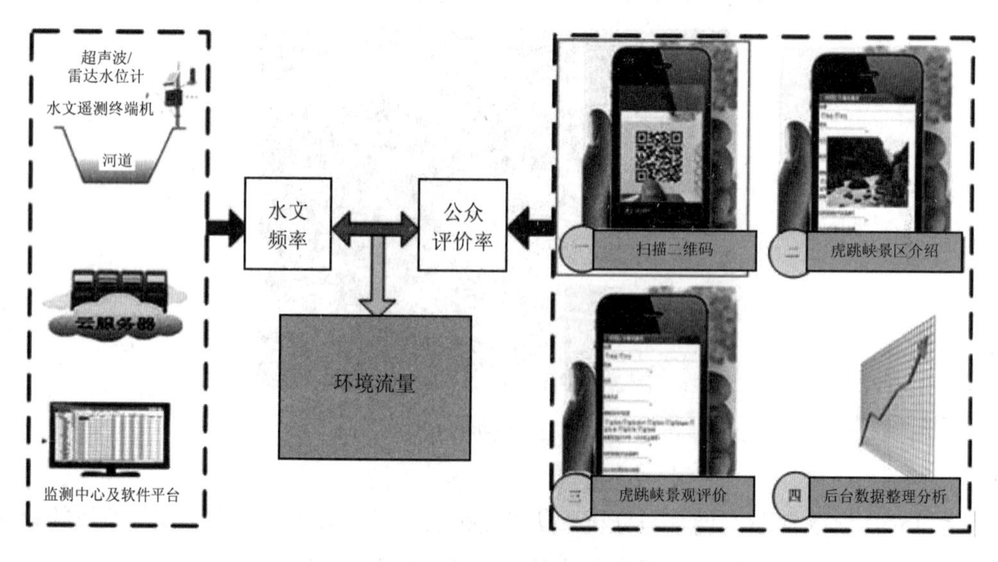

图 4　虎跳峡环境流量求解示意

根据虎跳峡上游 50 km 处石鼓水文站的水文资料，得到 1953—2011 年 59 年的月均水文过程（图 5）。通过分析，59 年的月均流量直方图及分布曲线如图 6 所示。

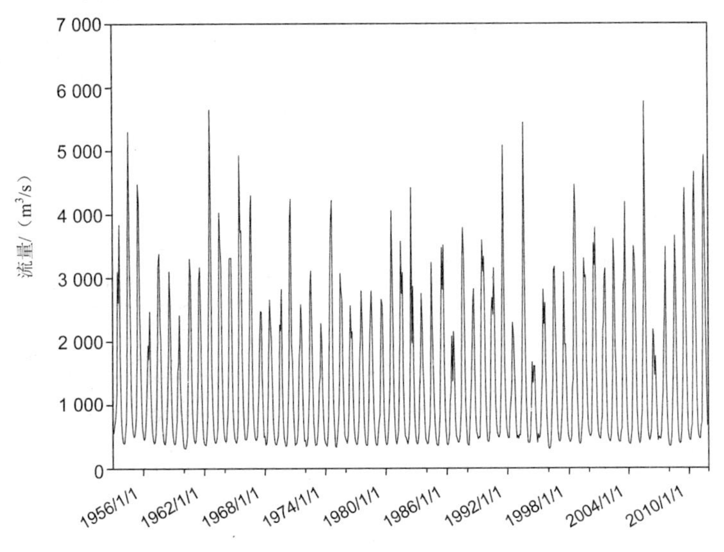

图 5　石鼓水文站流量过程

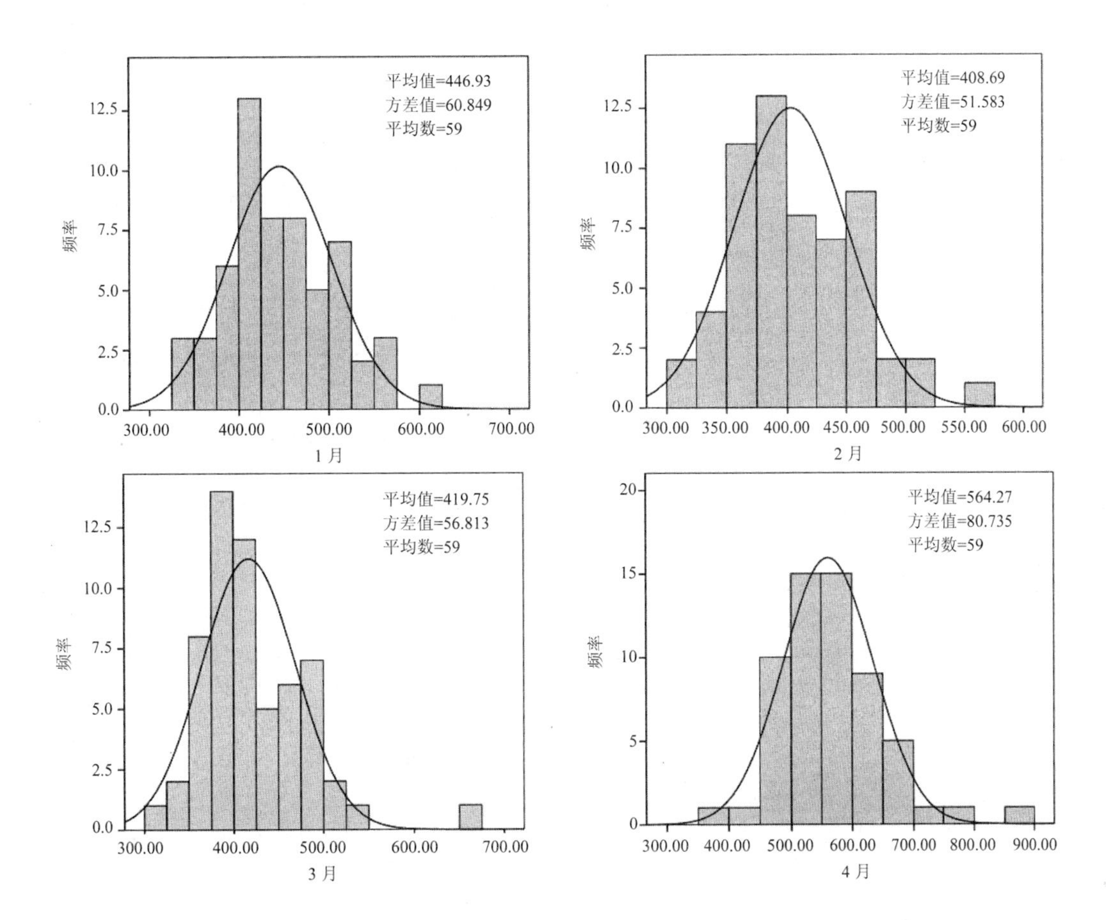

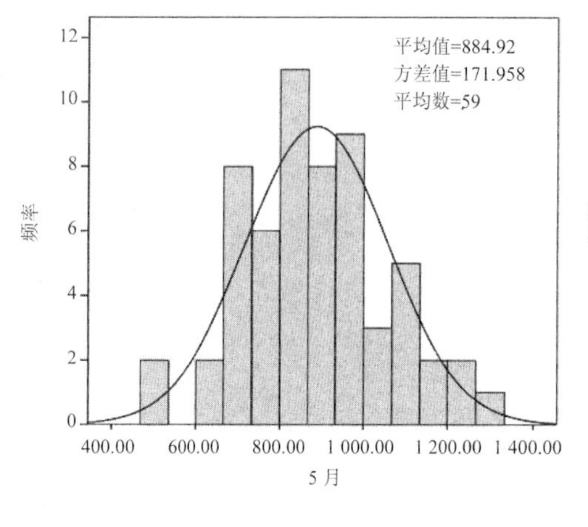
平均值=884.92
方差值=171.958
平均数=59
频率
0
2
4
6
8
10
12
400.00
600.00
800.00
1 000.00
1 200.00
1 400.00
5 月

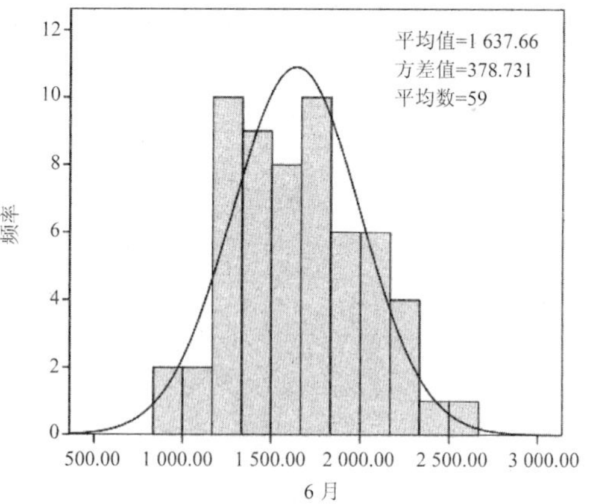
平均值=1 637.66
方差值=378.731
平均数=59
频率
0
2
4
6
8
10
12
500.00
1 000.00
1 500.00
2 000.00
2 500.00
3 000.00
6 月

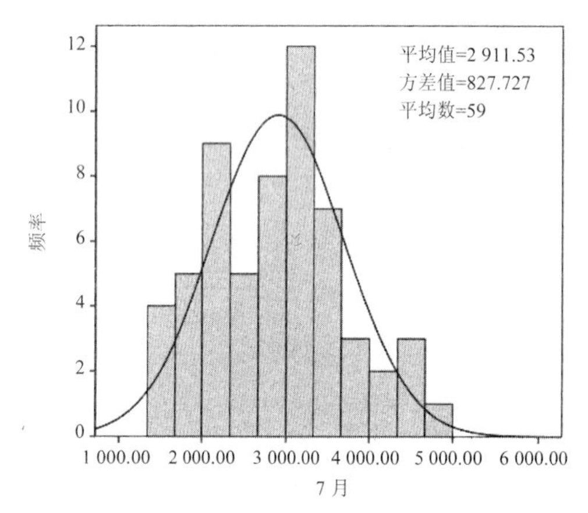
平均值=2 911.53
方差值=827.727
平均数=59
频率
0
2
4
6
8
10
12
1 000.00
2 000.00
3 000.00
4 000.00
5 000.00
6 000.00
7 月

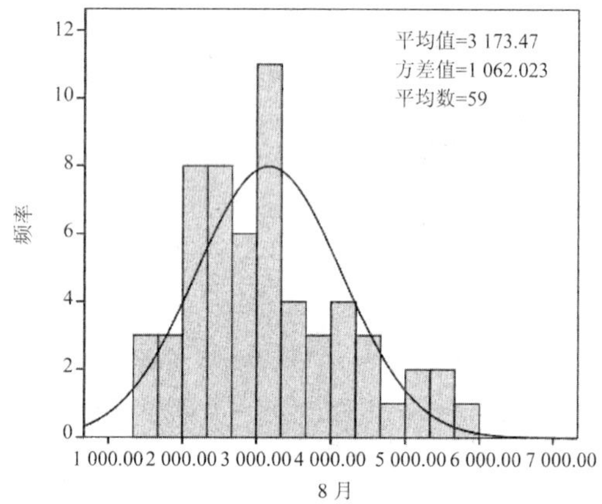
平均值=3 173.47
方差值=1 062.023
平均数=59
频率
0
2
4
6
8
10
12
1 000.00
2 000.00
3 000.00
4 000.00
5 000.00
6 000.00
7 000.00
8 月

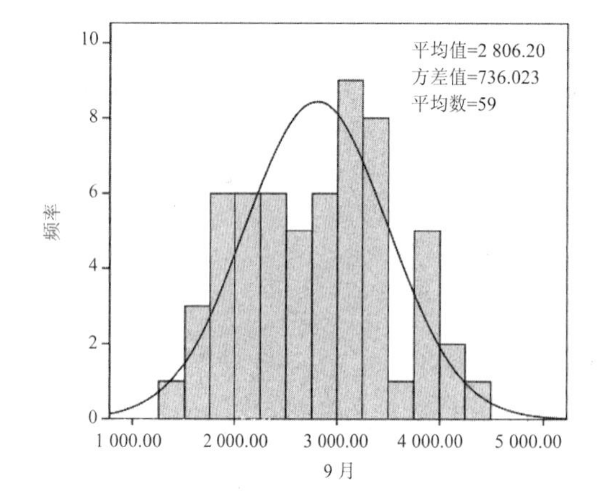
平均值=2 806.20
方差值=736.023
平均数=59
频率
0
2
4
6
8
10
1 000.00
2 000.00
3 000.00
4 000.00
5 000.00
9 月

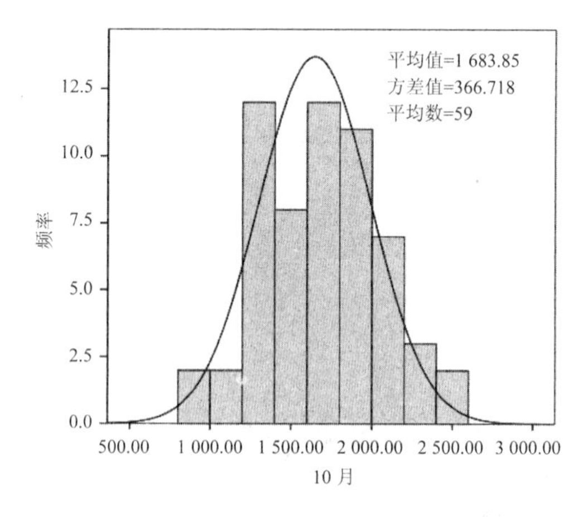
平均值=1 683.85
方差值=366.718
平均数=59
频率
0.0
2.5
5.0
7.5
10.0
12.5
500.00
1 000.00
1 500.00
2 000.00
2 500.00
3 000.00
10 月

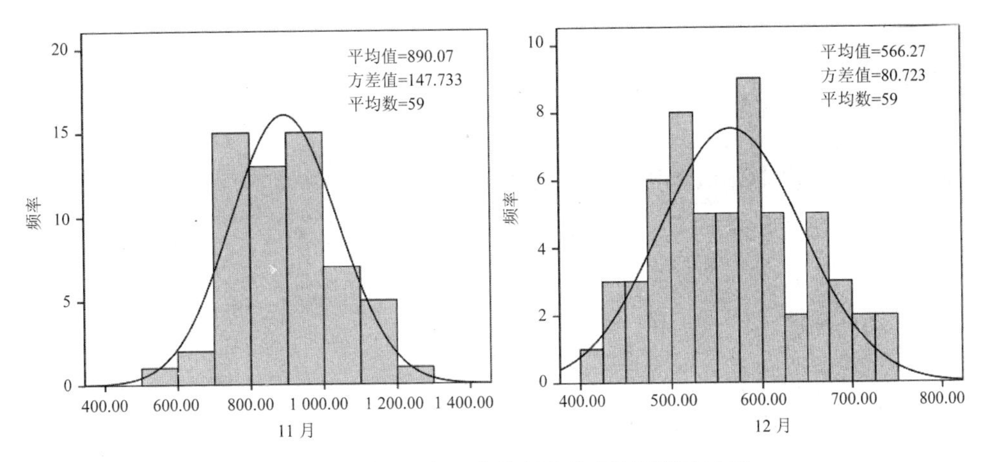

图 6　虎跳峡景区各月来流频率分布图及频率曲线

根据拟合的正态曲线，假定通过基于二维码技术开发的环境流量管理系统调查，公众对虎跳峡景观评价频率为置信区间（0.95），则可采用一维正态函数 $f(x)=\frac{1}{\sqrt{2\pi\sigma}}\exp^{\left(\frac{(x-\mu)^2}{2\sigma^2}\right)}$ 推求各月虎跳峡环境流量范围，得到环境流量及过程（图 7），即当上游开发后水文情势在该区间范围内时，对虎跳峡景观效果的影响在大多数公众的可接受范围内。需要指出的是，由于当前未系统正在开发中，暂假定置信区间为 95%，并根据流量过程进行分析，而在实际工程中，需要通过已构建的系统进行统计分析不同时段游客的偏好，进行打分统计，得出真实的置信区间来确定流量过程。

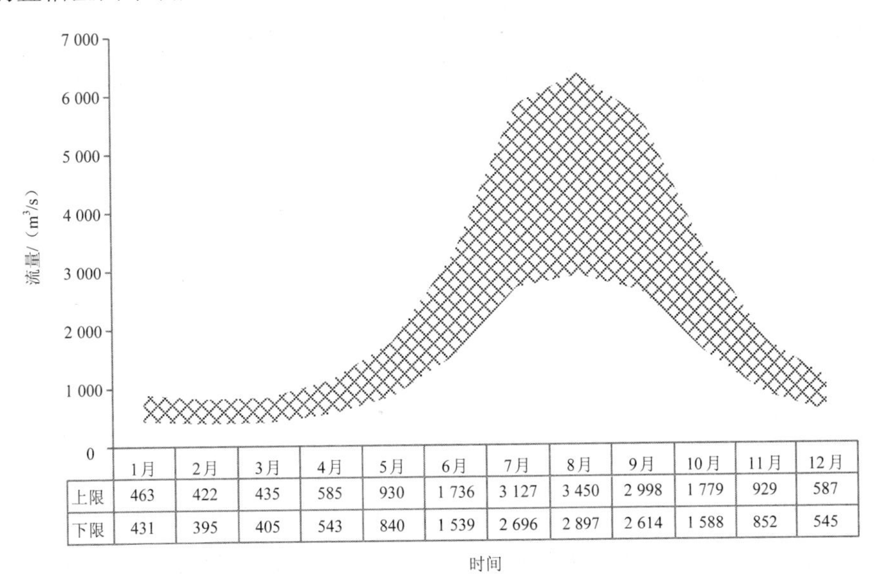

	1月	2月	3月	4月	5月	6月	7月	8月	9月	10月	11月	12月
上限	463	422	435	585	930	1 736	3 127	3 450	2 998	1 779	929	587
下限	431	395	405	543	840	1 539	2 696	2 897	2 614	1 588	852	545

图 7　虎跳峡河段环境流量及过程

5 结论

本文针对我国当前环境流量管理中的公众参与及方式的问题，根据二维码技术等数字管理技术的显著优势，提出了一种基于二维码技术的环境流量管理系统的构想，并根据虎跳峡景区的特征，构建一个虚拟的系统，通过这个系统可以计算虎跳峡景区的环境流量，为金沙江上游水利水电开发提供依据。

借助当前信息技术手段，通过构建环境流量管理系统，有利于各部门、团体以及广大民众更全面地了解管理部门的目的，也可以使他们更为广泛地参与到环境流量管理中来，避免传统的样本数量低、覆盖面不广、成本高、反馈不及时、效果不显著等问题。同时，广大公众的意见又可以为环境流量管理的决策、措施的制定提供参考依据。当然，不可否认，目前二维码的应用还存在许多问题，如用户尚未习惯，一时无法接受新生事物；二维码读取终端普及不广等，但是，从当前信息发展趋势来看，基于二维码技术开发的公众参与系统将给环境流量管理工作的开展提供一种新的途径。

参考文献

[1] Bunn S E，Arthington A H. Basic Principles and Ecological Consequences of Altered Flow Regimes for Aquatic Biodiversity[J]. Environmental Management，2002，30（4）：492-507.

[2] Tharme R E. A Global Perspective on Environmental Flow Assessment：Emerging Trends in the Development and Application of Environmental Flow Methodologies for Rivers[J]. River Research & Applications，2003，19（5-6）：397-441.

[3] 王俊娜，董哲仁，廖文根，等. 基于水文-生态响应关系的环境水流评估方法——以三峡水库及其坝下河段为例[J]. 中国科学：技术科学，2013（6）：715-726.

[4] 陈庆伟，刘兰芬，孟凡光，等. 筑坝的河流生态效应及生态调度措施[J]. 水利发展研究，2007（6）：15-17.

[5] 陈进，黄薇. 长江环境流量问题及管理对策[C]. 长江论坛，2009：17-20.

[6] 马赟杰，黄薇，霍军军. 我国环境流量适应性管理框架构建初探[J]. 长江科学院院报，2011，28（12）：88-92.

[7] Poff N L，Richter B D，Arthington A H，et al. The Ecological Limits of Hydrologic Alteration（ELOHA）：A New Framework for Developing Regional Environmental Flow Standards[J]. Freshwater Biology，2010，55（1）：147-170.

[8] Martin D M，Labadie J W，Poff L R. Incorporating Social Preferences into the Ecological Limits of

Hydrologic Alteration（ELOHA）：A Case Study in the Yampa-White River Basin，Colorado[J]. Freshwater Biology，2015，60（9）：1890-1900.

[9] 周娣. 浅谈二维码的应用[J]. 齐鲁工业大学学报，2011，25（2）：62-64.

[10] 蔡尊煌. 二维码在古树名木信息化管理中的应用[J]. 信息与电脑：理论版，2013（1）：163-165.

[11] 汪琪. 浅议二维码技术在高校信息化建设中的应用[J]. 湖北经济学院学报：人文社会科学版，2012，9（7）：173-174.

[12] 王树文，詹璇，邱阳. 二维码在农作物试验田中的信息采集应用[J]. 农业与技术，2013（4）：19-20.

[13] 田杰. 浅谈二维码在企业信息化中的应用[J]. 企业导报，2012（2）：288.

[14] 许统. 手机二维码在国内的发展及应用[J]. 电脑与信息技术，2011，19（3）：62-63.

[15] 刘英杰，单东强，张宏宇，等. 二维码林果业溯源防伪系统应用[C]//2012 全国无线及移动通信学术大会论文集（下），2012.

[16] Arthington A. The Ecological Limits of Hydrologic Alteration（ELOHA）：A Framework for Developing Regional Environmental Flow Standards[J]. 2007.

[17] Kendy E，Kendy E. Ecological Limits of Hydrologic Alteration（ELOHA）：Past，Present and Future[C]. American Fisheries Society 1 Meeting，2011.

[18] 宋米迪，李鸣一，李娜，等. 公共区域免费 WiFi 覆盖的长春市公众意见调查分析[J]. 统计与管理，2016（5）：17-18.

江西省峡江水利枢纽工程生态流量及监控措施

俞士敏　丁　玲　卓元午　成必新

（上海勘测设计研究院有限公司，上海 200434）

摘　要：根据江西省峡江水利枢纽工程坝址下游峡江水文站实测径流系列资料，统计分析了工程坝址处的多年平均流量，结合电站水轮发电机单台机组低负荷运行和坝下河道内外需水及通航要求，采用《水利水电建设项目河道生态用水、低温水和过鱼设施环境影响评价技术指南（试行）》中推荐的 Tennant 法分析确定了坝下河道最小生态需水量及工程最小下泄流量，并提出了年内不同月份电站运行下泄流量的监控指标及措施，以满足赣江鲥鱼及“四大家鱼”等鱼类主要繁殖期和河道生态需水要求。

关键词：峡江水利枢纽工程；生态流量；监控指标及措施

1　工程概况

江西省峡江水利枢纽工程位于赣江中游下端，是赣江干流梯级开发的主体工程，也是江西省大江、大河治理的关键性工程，工程的开发任务为：以防洪、发电、航运为主，兼顾灌溉等综合利用功能。工程坝位于赣江中游吉安市峡江县巴邱镇上游峡谷河段，工程规模为：水库正常蓄水位 46.0 m，死水位 44.0 m，防洪高水位 49.0 m，设计洪水位 49.0 m，校核洪水位 49.0 m；防洪库容 6.0×10^8 m^3，调节库容 2.14×10^8 m^3，水库总库容 11.87×10^8 m^3，水库正常蓄水位库容 7.02×10^8 m^3，死水位库容 4.88×10^8 m^3，水库调节性能为季调节；电站安装 9 台水轮发电机组，装机容量 360 MW，单机额定流量 526.5 m^3/s，低负荷运行时流量 221 m^3/s；通航过坝设施按Ⅲ级航道过 1 000 t 级船舶的单线单级船闸考虑；灌溉耕地面积 32.95 万亩（新增灌溉面积 11.69 万亩，改善灌溉面积 21.26 万亩）。工程水库运用调度分洪水调度和兴利调度两种运行方式，坝址流量 5 000 m^3/s、吉安站流量 4 730 m^3/s 为水库防洪与兴利运行分界流量，当坝址上游来水量大于防洪运行分界流量时进入洪水调度运行方式，否则，进行兴利调度运行方式。

2 生态流量

大量水利水电工程实践表明，兴建水利枢纽工程对水生态环境的影响主要由大坝阻隔、水库调蓄造成水文情势变化引起，特别对直接依赖水体生活的鱼类等水生生物影响更大。在工程引起的水文情势变化中，工程最小下泄生态流量是较为敏感的关键指标。

2.1 天然流量

根据坝址下游峡江水文站 55 年实测径流系列资料，该站最小流量一般出现在每年 10 月至次年 3 月，实测最小流量为 147 m^3/s（1968 年）。2004—2008 年 5 年峡江水文站实测最小月平均流量见表 1，其中 2004 年最小月平均流量 165 m^3/s。工程坝址控制流域面积 62 710 km^2，经统计分析，坝址处多年平均流量为 1 640 m^3/s，其中 4—9 月多年平均流量为 2 367 m^3/s，10 月至次年 3 月多年平均流量为 913 m^3/s。

表 1 2004—2008 年实测最小月平均流量

年份	最小流量/（m^3/s）	最低水位/m
2004	165	33.75
2005	277	34.06
2006	246	33.93
2007	364	34.17
2008	297	33.88

2.2 坝下河道最小生态需水量及工程最小下泄流量

根据环境保护部《关于印发〈水电水利建设项目河道生态用水、低温水和过鱼设施环境影响评价技术指南（试行）〉的函》（环评函〔2006〕4 号），维持水生生态系统稳定所需的最小流量一般不小于河道控制断面多年平均流量的 10%（当多年平均流量大于 80 m^3/s 时，极限最小流量可取 5%）。

按工程坝址处多年平均流量的 10%计算，坝下河道最小生态需水量分别为 164 m^3/s（多年平均）、91.3 m^3/s（10 月至次年 3 月）、236.7 m^3/s（4—9 月），其中最小生态需水量 164 m^3/s（多年平均）大于实测最小流量 147 m^3/s，与 2004 年最小月平均流量 165 m^3/s 十分接近，可基本维持坝下河道水生生态系统稳定所需的水量。综合考虑电站水轮发电机单台机组低负荷运行和坝下河道内外需水及工程设计通航（98%保证率）要求，最终确定工程最小下泄流量为 221 m^3/s。经区间流量补充，同时能够满足下游城镇居民生活和工业等用水 25.5 m^3/s、河道最小生态需水量 164 m^3/s 的要求。

根据《水利水电建设项目河道生态用水、低温水和过鱼设施环境影响评价技术指南（试行）》中推荐的 Tennant 法计算河道生态基流成果见表 2。

表 2　Tennant 法生态流量计算　　单位：m^3/s

流量状况描述	推荐基流（10 月至次年 3 月）	推荐基流（4—9 月）
最佳范围	274.02	709.98
很好	182.68	709.98
好	137.01	591.65
良好	91.34	473.32
一般或较差	45.67	354.99
差或最小	45.67	118.33
极差	0～45.67	0～118.33

根据表 2 计算结果分析，10 月至次年 3 月下泄生态基流达到 182.68 m^3/s 时，可维持下游河道生态在“很好”的状态，下泄生态基流达到 137.01 m^3/s 时，可维持下游河道生态在“好”的状态；4—9 月下泄基流达到 709.98 m^3/s 时，可满足下游河道生态在“很好”的状态，下泄基流达到 591.65 m^3/s 时，可满足下游河道生态在“好”的状态，下泄基流达 473.32 m^3/s 时，可满足下游河道生态在“良好”的状态。

根据工程调度运行方式，最小下泄流量为 221 m^3/s，在正常运行条件下枯水期实际最小日平均流量为 303 m^3/s，超过 Tennant 法计算的 10 月至次年 3 月“很好”的下泄基流 182.68 m^3/s。但 4—9 月，当下泄流量达到 473.32 m^3/s 时才能满足下游河道生态状态在“良好”状态，因此，确定本工程 4—9 月最小下泄流量应为 475 m^3/s（473.32 m^3/s 取整）。该流量大于按坝址处 4—9 月多年平均流量 10%计算得到的坝下河道最小生态需水量 236.7 m^3/s。

根据相关研究资料，赣江鲥鱼及“四大家鱼”等鱼类的主要繁殖期在每年 4—6 月，当河道流速达到 1 m/s 以上、水深达到 1.5 m 以上时水文条件对赣江鱼类繁殖比较有利。根据坝址下游峡江鱼类产卵场河道断面资料计算，当峡江断面流量达到 1 200 m^3/s 时，流速可达 1 m/s。为保证赣江鱼类主要繁殖期正常产卵和生长，确定赣江鱼类主要繁殖期 4—6 月最小下泄流量应为 1 200 m^3/s。

综上所述，坝址下游河道最小生态需水量为 164 m^3/s，工程最小下泄流量在赣江鱼类主要繁殖期（4—6 月）应不小于 1 200 m^3/s，枯水期（10 月至次年 3 月）应不小于 221 m^3/s，其他时段（7—9 月）应不小于 475 m^3/s。

3 下泄流量满足性分析

3.1 施工导流期

工程枢纽施工采用三期导流，一期施工右岸电站厂房（含相邻 0.5 孔泄水闸），二期施工左岸船闸（含相邻 6.5 孔泄水闸）；三期施工剩余的 11 孔泄水闸。一期、二期导流河床最大缩窄率均为 75%，设计最大过流流量均为 9 980 m^3/s，因此一期、二期施工导流期间干流流量与天然状态相比基本保持不变，下游河道不会产生减水段，仅在导流口附近水位、流速发生突变，对下游河道水文情势基本无影响，下泄流量仍基本为天然状态。

3.2 初期蓄水期

二期导流于主体工程开工后的第 3 年 6 月结束，7 月底电站第一台机组具备发电条件，8 月水库初期蓄水。三期导流时主要由左岸 6.5 孔泄水闸及电站机组泄水。泄水闸底高程 30 m，基本与原河床平，泄水闸单孔宽 16 m，设计泄洪流量 1 617 m^3/s。初期蓄水期间按下游河道生态维持在“良好”状态所需流量 475 m^3/s 作为最小下泄控制流量，在水库蓄水的同时下泄流量应不小于 475 m^3/s，即下泄流量应控制在 8 月多年平均流量的 33.7%以上，初期蓄水所需时间应大于 6 d。当上游来水量大于 475 m^3/s 时，方可进行水库初期蓄水，在满足最小下泄控制流量的前提下，相应延长水库初期蓄水时间。

3.3 运行期

工程运行期，10 月至次年 3 月，当入库流量大于 221 m^3/s 时，水轮机发电（单台机组低负荷运行）下泄水量可满足下游通航、生产生活以及生态需水 221 m^3/s 的要求；当入库流量小于 221 m^3/s 时，执行来水量全部下泄原则，同时通过开启泄水闸孔数及开度控制下泄流量合计不小于 221 m^3/s。4—6 月鱼类主要繁殖季节，当入库流量大于 1 200 m^3/s 时，水轮机发电下泄水量可满足下游通航、生产生活以及生态用水 1 200 m^3/s 的要求，当入库流量小于 1 200 m^3/s 时，执行来水量全部下泄原则，同时通过开启 1 台以上机组和开启泄水闸孔数及开度控制下泄流量合计不小于 1 200 m^3/s。7—9 月，当入库流量大于 475 m^3/s 时，水轮机发电下泄水量可满足下游通航、生产、生活以及生态用水 475 m^3/s 的要求；当入库流量小于 475 m^3/s 时，通过开启 1 台以上机组和通过开启泄水闸孔数及开度控制下泄流量合计不小于 475 m^3/s。若遇机组停机以及特殊工况（机组检修或故障），需开启泄水闸按不同时段下泄控制流量要求下泄。在采取严格的工程运行调度、监控措施后，运行期下游河道通航、生产、生活以及生态需水不会因工程建设而受到明显影响。

3.4 鱼类主要繁殖期

根据设计典型年峡江坝址逐日平均天然流量统计，工程前后 4—6 月日均天然流量小于 1 200 m^3/s 的天数及占该月份总天数的百分比见表 3 和表 4。

表 3 工程前峡江坝址日均天然流量小于 1 200 m^3/s 天数统计

工程前	4 月		5 月		6 月	
	天数/d	百分比/%	天数/d	百分比/%	天数/d	百分比/%
丰水年（P=10%）	3	10	0	0	3	10
平水年（P=50%）	2	6.7	1	3.2	2	6.7
枯水年（P=90%）	4	13.3	3	9.7	3	10

表 4 工程后峡江坝址下泄日均流量小于 1 200 m^3/s 天数统计

工程后	4 月		5 月		6 月	
	天数/d	百分比/%	天数/d	百分比/%	天数/d	百分比/%
丰水年（P=10%）	0	0	0	0	0	0
平水年（P=50%）	0	0	0	0	0	0
枯水年（P=90%）	0	0.	1	3.2	1	3.3

由两表对比可知，工程建成后，经水库调节，4—6 月坝址日均下泄流量小于 1 200 m^3/s 的天数较天然状态下明显减少，丰水年和平水年 4—6 月日均下泄流量均大于 1 200 m^3/s，枯水年 4—6 月日均下泄流量小于 1 200 m^3/s 的天数较天然状态减少 8 d，仅为 2 d。因此，从天然来水量、电站运行调度后下泄流量及对比分析看，工程后在鱼类主要繁殖季节下泄流量较天然状态有明显改善，电站下泄流量能较好满足鱼类主要繁殖期的要求。

4 监控指标及措施

根据赣江鲥鱼及“四大家鱼”等鱼类主要繁殖期及河道生态需水要求，确定 4—6 月鱼类主要繁殖期下泄流量不小于 1 200 m^3/s；7—9 月下泄流量不小于 475 m^3/s；10 月至次年 3 月下泄流量不小于 221 m^3/s 作为电站运行期下泄流量的监控指标，以坝址下游 10 km 处的峡江断面作为下泄生态流量的监控断面。4—6 月鱼类主要繁殖期峡江断面的流速，水深可控制在 1 m/s 及 4 m 以上；其余月份峡江断面的流速，水深可控制在 0.38 m/s 及 1.4 m 以上。

为保证电站运行下泄流量满足生态流量需求，从以下几方面进行监控：

（1）实行电站运行调度制度

电站下泄流量监控指标应作为电站运行调度的重要指标列入电站调度操作程序中。

（2）实行定期检查制度

电站正常运行后，有关部门应定期和不定期对于电站的运行调度进行监督检查，确保下泄生态流量，特别在鱼类主要繁殖期，应加大监督力度。

（3）实行断面监控

电站正常运行后，有关部门应定期和不定期对于峡江监控断面的水深、流速、流量等指标进行检查，特别在鱼类主要繁殖期，应加大监管力度。同时要求大坝下游有关水文站、水位站将水文信息及时传递给相关部门，以便相关部门及时掌握大坝下游河道的水深、流速、流量等的变化情况，监督峡江水利枢纽工程电站保证下泄流量达到监控指标。

5 结语

结合电站水轮发电机单台机组低负荷运行和坝下河道内外需水及通航要求，采用《水利水电建设项目河道生态用水、低温水和过鱼设施环境影响评价技术指南（试行）》中推荐的 Tennant 法分析确定坝下河道最小生态需水量为 164 m^3/s。为满足赣江鲥鱼及“四大家鱼”等鱼类主要繁殖期及河道生态需水要求，确定 4—6 月（鱼类主要繁殖期）下泄流量不小于 1 200 m^3/s、10 月至次年 3 月下泄流量不小于 221 m^3/s、7—9 月下泄流量不小于 475 m^3/s 作为峡江水利枢纽工程电站运行期下泄流量的监控指标，并作为电站运行调度的重要指标，以便相关部门监督电站保证下泄流量达到监控指标要求。在采取严格的工程运行调度、监控措施后，运行期下游河道通航、生产、生活以及生态需水不会因工程建设而受到明显影响。

一种水利水电工程下泄生态流量在线自动监测系统设计

——以乌江沙沱水电站为例

夏　豪　欧祖宏　陈　凡

（中国电建集团贵阳勘测设计研究院有限公司，贵阳 550081）

摘　要：为维护河流的基本生态用水需求，水电水利工程必须下泄一定的生态流量。随着国家对环境保护要求的不断提高，有必要在水电水利工程建立下泄生态流量实时监测系统。本文以乌江沙沱水电站生态流量监测为依托，设计了一种较新颖的生态流量在线自动监测系统，自动化程度高，具备实时性、准确性，查询方便快捷，值得推广。

关键词：水利水电工程；生态流量；在线自动监测；沙沱水电站

1　引言

引水式和混合式电站引水发电以及堤坝式电站调峰运行将使坝下河段减（脱）水，水文情势的变化将对水生生态、生产和生活用水、河道景观等产生一系列的不利影响。为维护河流的基本生态用水需求，环保主管部门要求水电水利工程必须下泄一定的生态流量。

根据目前国内外水利水电工程实践，一般采取如下几种方式下泄生态流量：

（1）水电工程枢纽布置中，在大机组之外单独设置“小机组”，承担泄放流量任务。

（2）承担基荷发电任务，通过电站本身发电下泄生态流量。

（3）在枢纽布置中单独设置生态流量泄放设施。

（4）结合工程本身引水、泄流永久设施，修建、改建生态流量泄放设施。

然而，在实际调查中发现，部分工程出于经济利益考虑，在实际运行过程中未按照要求下放生态流量；一些依靠承担基荷发电任务保证下泄流量的电站，又受制于电网调度，在部分时段未能下泄足够流量，对河流生态环境造成了一定影响。因此，有必要在水电水利工程建立下泄生态流量实时监测系统，便于工程生态流量泄放调度管理和环保主管部门监管。

2 沙沱水电站概况

沙沱水电站位于贵州省沿河县城上游约 7 km 处，是乌江干流水电开发中的第九级，电站装机容量 1 120 MW，水库正常蓄水位 365 m，调节库容 2.85 亿 m^3，具备日调节能力。

2008 年环境保护部以《关于乌江沙沱水电站环境影响报告书的批复》（环审〔2008〕168 号）对沙沱水电站予以审批。批复明确要求：制订水库蓄水和运行调度的环保方案，建立坝下生态流量在线自动监测系统；电站必须进行合理运行调度，承担 14 万 kW 发电基荷，下泄流量不小于 224.5 m^3/s，满足下游通航和各类用水要求。

3 系统设计

3.1 系统总体结构

沙沱水电站下泄生态流量在线自动监测系统由流量测量子系统、通信传输子系统、中心站数据处理子系统三大子系统组成。其中，为了便于环保主管部门监管，设计在贵州省环保厅中心站设置一套数据处理子系统；另外在沙沱电站中心站设置一套数据处理子系统，一方面便于电站及时调整调度方案，另一方面可作为电站向主管部门提交环境信息的依据。系统总体结构如图 1 所示。

3.2 系统工作体制

目前，国内外的类似的水情测报系统基本上可分为自报式和应答式两种方式。

自报式：实时自动采集存贮流量数据，并立即向中心站发送这些资料。这种方式的特点是流量测站主动报数，中心站被动接收。

应答式：遥测站自动采集和存贮流量数据，但并不立即发送，只在接收到中心站的召测命令后，才将存储的最新资料发送给中心站。这种方式的特点是中心站主动召测，而流量测站被动响应。

本生态流量在线监测系统主要目的是实时监控沙沱水电站生态流量下泄情况，对系统的实时性要求很高；另外为了实现系统的方便快捷性，设计使监管人员在异地也可通过手机短信的方式查询实时流量的功能。因此本系统设计采用自报式和应答式相结合的工作体制，应答任务主要由 GPRS 短信完成。

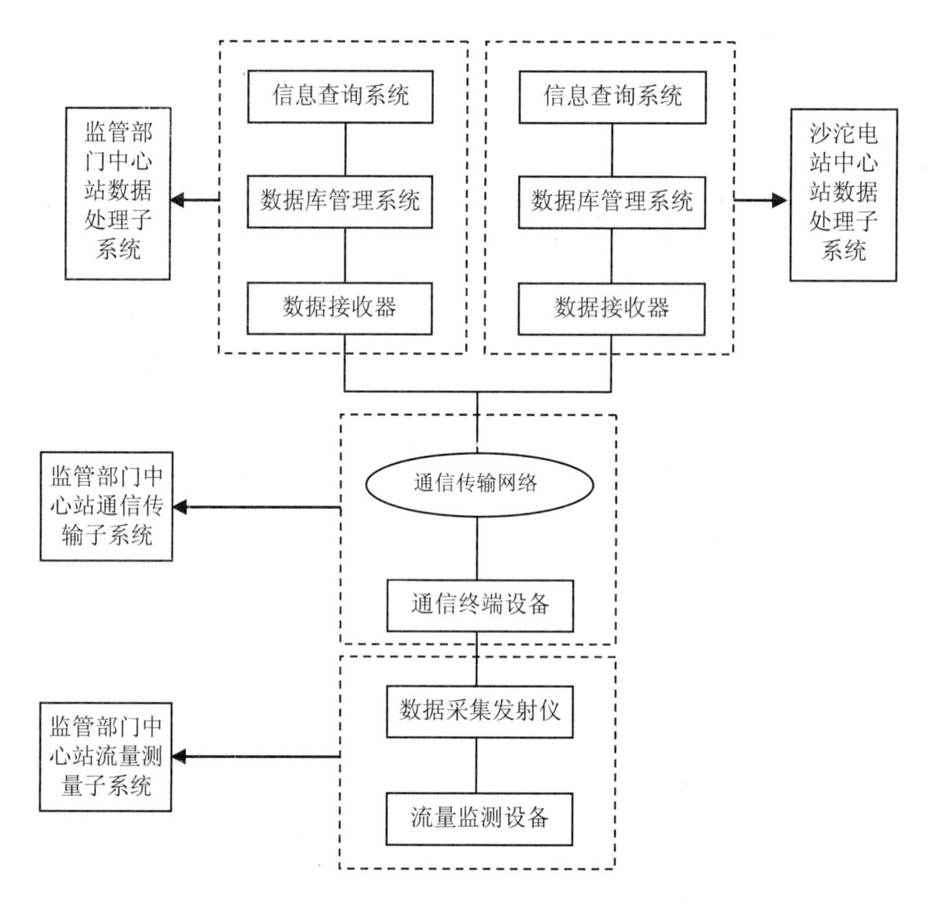

图 1 沙沱水电站下泄生态流量在线自动监测系统结构

3.3 流量测量子系统

3.3.1 流量测量仪器比选

流量测量子系统的功能是实时采集下泄流量数据，它的计量精度、寿命，可靠性、稳定性以及安装维护难易程度关系整个生态流量在线自动监测系统的可靠性，是整个系统的核心。

目前，流量测量仪器主要有以下几大类：①流量计测量井；②水平多普勒流速仪；③非接触式雷达流量监测仪。各种设备的基本原理及优缺点见表 1。

表 1　流量测量仪器比选

方案	工作原理	优点	缺点
流量计测量井	测井底部与河道相通，用浮子水位计测量河流水位，用超声波流速测量换能器测量河道流速，流速和流量数据通过电缆传输至流量计主机，计算出流量数据	技术较成熟、结构简单、性能可靠、维护方便、能实现无人值守长期工作的要求	安装要求较高，必须修建测井。测井高度须满足沙沱水电站泄洪时下游水位 322.28 m，测井高度达 30 m，土建投资大，施工难度大，同时大量程的浮子式水位计的测验精度也很难保证
水平多普勒流速仪	将多普勒流速测量传感器探头固定安装在水面下某一水深处使用，使探头上的两个超声波传感器位于同一平面上或上下两个平面上，两个超声波传感器成一定角度向对岸发射，超声波遇到水中和水一起流动的悬浮物会产生反射，部分声波反射至发射端被超声波多普勒流速测量传感器接收，且反射回来的声波频率随流速的大小而发生变化，根据频率大小可计算出各层水流某一段上各点的二维矢量流速。另一束超声波则向上发射，遇到水面反射来测得水深，根据水深和仪器安装高程算出水位，由“水位-过水面积关系曲线”得到过水面积。现场数据采集仪利用多普勒流速测量传感器提供的流速数据及水位数据采用“指标流速法”实时计算流量	土建投资小，技术较成熟、结构简单。目前水文测量中常用该仪器	选择合适的安装高度需做较多工作，沙沱水电站坝址下游水位变化较大，代表性不足，需要安装导轨人工调整高度，影响流量数据的准确性和实时性
非接触式雷达流量监测仪	利用河道紊流产生的短波布拉格散射对表面流速进行遥感测定，当雷达传送非均匀流表面信号时，非均匀流表面的厘米波即反向散射体会导致多普勒频移的发生，监测仪对接收到的信号进行分析处理，计算流量； 流量 Q 由在测量水位点 h 的过水断面面积 A 乘断面平均流速 V_m，具体计算如下： $$Q=V_m \cdot A(h)$$ 平均流速计算如下： $$V_m=V_i \cdot k$$ 式中：V_m——断面平均流速； V_i——水面测点的流速； k——转换系数，通过模型或通过大量在不同水位测验决定并存如传感器。 流量最终计算如下： $$Q=A(h) \cdot V_i \cdot k$$ 实测表明，测量点的平均速度和表面速度之比是由深度和表面粗糙度比率决定的	非接触、安装简单、土建量小、投资省、运行可靠稳定、精度高、维护方便、不受水位变动影响、可实现连续实时监测	要求河道流速大于 0.15 m/s

通过对以上 3 种方案的综合比选，非接触式雷达流量监测设备具有精度高、维护方便、不受下游水位变动影响、安装方便、投资省等优点，沙沱坝下游河道流速不会出现低于 0.15 m/s 的情况，综合考虑本系统“实时、准确”的要求，推荐采用该方案。

3.3.2 流量测站选址

为满足准确监控的要求，流量测站的选址应遵循以下原则：

（1）能准确地监控沙沱水电站下泄流量，测站与坝址之间应无支流汇入。

（2）沙沱电站下游梯级为彭水水电站，彭水水库死水位 274 m 死回水至沙沱坝址下游 7 km，正常蓄水位 293 m 时回水至沙沱坝址附近。站址应避开彭水水库淹没区和回水区，实现准确监测。结合沙沱水电站实际情况，站址距电站尾水出口距离应在 100 m 范围内。

（3）流量测站选址应便于日常维护管理，不易受到损坏或盗窃。

（4）为避免设备遭受损坏，流量测站高程应高于沙沱水电站最大泄洪量时下游对应水位高程 5 m 以上。

按照以上原则，设计在沙沱水电站发电厂房尾水渠出口断面设置流量测站。该断面形状，易于确定水位-过水面积曲线；选址属于电站管理区范围内，管理维护方便，不易受到外界破坏或盗窃。

3.3.3 数据采集仪发射方式

流量测量仪器测出流量数据并发出电参量信号后，由数据采集器（RTU）完成数据采集、储存传输控制。

结合沙沱水电站运行方式以及对下泄生态流量实时监控的要求，数据采集器采用间歇方式进行流量数据采集，设定每 5 min 采集一次流量读数。RTU 采集流量数据后，即将数据发送传输到中心站。根据《水文自动测报系统技术规范》（SL 61—2003）要求，当中心站巡测或召测流量 RTU 时，RTU 按照指令要求，向中心站发送最近一次的流量数据。

3.4 通信传输子系统

选用何种通信传输组网方式，让下泄流量数据能及时、可靠地传送到中心站是本系统要解决的一个关键问题。目前水情测报中常用的远程通信传输方式有短波/超短波通信、GPRS 网络通信、卫星通信等几种形式。

其中超短波通信属于自建网络，独立性好且无数据传输费用，但是要新建发射塔、中继站等设备，建设成本很高。卫星通信抗干扰能力强，但要安装卫星天线，费用较高，而且租用卫星的传输费用较昂贵。

GPRS 网络通信方式为租用移动、电信、联通等移动通信运营商的网络服务，站点只需安装类似手机的短消息发射模块。该通信方式可使监测系统的通信费用明显降低，非常适合于数据传输十分频繁的测量站点使用。而且在目前水情系统可用的远程通信终端中，该终端的功耗是最低的，非常适合构建应答式体制的流量数据通信网。因此，推荐采用GPRS 网络通信方式。

3.5 中心站数据处理子系统

3.5.1 中心站数据处理子系统构成

中心站数据处理子系统的主要功能为自动接收流量测站的实时数据，建立生态流量监测结果数据库，然后通过 Internet Web 和 GPRS 短信向公众和指定用户发布实时流量数据及其他各类统计数据、图表。它由信息接收与处理模块、数据库管理模块、信息查询模块、WEB 浏览模块、GPRS 短信服务模块等组成。各模块通过开放、标准的应用程序接口连接。中心站数据处理子系统结构如图 2 所示。

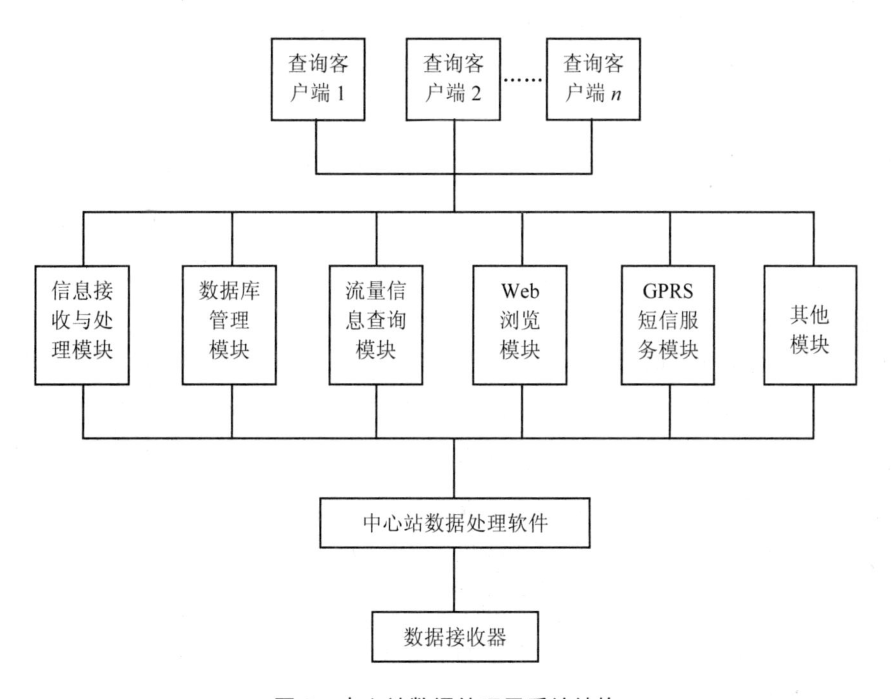

图 2　中心站数据处理子系统结构

3.5.2 流量信息发布方式

应采用公开、便捷的方式向公众和特定人员发布实时下泄流量信息，本系统设计采用Web 浏览及 GPRS 短信服务两种方式完成信息发布任务。

（1）Web 浏览：允许所有通过网络与本系统相连的计算机，按照一定的授权权限，通过 Browser/Server 方式，在客户端无须任何专用软件安装的条件下，查询各种时段的实时或历史下泄生态流量数据及统计图表。该方式可实现电站生态流量信息及时向公众公开。

（2）GPRS 短信服务：①根据中心站设置，定时以手机短信方式，发送实时流量信息到指定用户（环保监管人员、电站运行调度人员）手机；②实时响应特定用户手机的短信查询命令，自动编辑最近一次的下泄流量信息并回复至发送命令的用户手机上；③当下泄流量小于要求的 224.5 m^3/s 时，自动发送预警信息和流量信息至特定用户手机。该方式可实现只要在 GPRS 通信网络覆盖的区域，都可以进行快捷查询实时流量信息的要求，并可实现自动预警。

4 系统与其他常规监测方式的比较

根据调查，目前国内水利水电工程生态流量监测主要有以下几种方式。

（1）利用工程自身的调度运行数据，这种方式常用于承担发电基荷任务的水电站。该方式的不足之处在于工程调度数据只有电站自身掌握，即使采用通信系统定时将下泄流量数据及时传输至环保主管部门，也不能保证数据的真实性，不便于实时监管。

（2）利用工程自身的水情测报系统。该方式的不足之处在于，水情测报系统的布置点位不一定能满足监控的需求，一些工程坝下游的水情站点距离坝址较远，中间有支流汇入，这种情形下不利于准确判断是否下泄了足够的生态流量；此外，该方式同样也不具备实施监管的功能。

（3）在坝下建设视频监控系统+流量监测系统。该方式在坝下设置视频监控系统，另设置一套流量实时监测系统，利用通信网络或者光纤将视频数据和下泄流量数据实时传输至环保主管部门，实现视频+数据相结合的实时监测，该方式以视频监控为主，在我国部分地区已有推广使用。但采用该方式必须在环保主管部门建设视频监控平台，一方面投资较大，另一方面必须配备较多的人员才能实现实时监管。根据目前我国实际情况，环保主管部门监管任务较重，在一些经济欠发达地区专门配备监管人员无疑给财政增添压力；另外，当监管人员身处异地时，不便查询实时流量信息。

综上所述，目前国内的生态流量监测系统形式多样，但与本系统相比较，均存在一些不足之处。本系统采用先进的非接触式雷达流量监测仪+GPRS 通信网络的方式实时采集、发送流量信息，并通过对中心站数据处理子系统的设计，使得可以通过互联网实现对沙沱水电站下泄生态流量的实时查询，便于向公众公开环境信息，促进企业履行环境责任。此外，还实现了通过手机这一生活中常用的通信工具对下泄流量信息进行实时监管，方法便捷简单，节省人力、物力。本系统投资较低，可在国内推广。

5 结语

近年来，随着国家对环境保护要求的不断提高，在水利水电工程中建设生态流量在线自动监测系统已逐渐成为一项强制性环保要求。本文以乌江沙沱水电站生态流量监测为依托，设计了一种较新颖的生态流量在线自动监测系统，该系统不同于常规的水情测报系统，自动化程度高，具备实时性、准确性，查询方便快捷，并可自动预警。目前我国水利水电工程已进入新一轮的快速发展时期，需要更先进的生态环境保护技术及管理手段提供支撑，该系统可以在国内推广，具有广阔的发展前景。

参考文献

[1] 国家环境保护总局办公厅.关于印发水电水利建设项目水环境与水生生态保护技术政策研讨会会议纪要的函[R]. 2006.

[2] 中国水电顾问集团贵阳勘测设计研究院. 乌江沙沱水电站环境影响评价报告书[R]. 2008.

长江上游重要支流生态流量监督管理现状调查

李志军　李迎喜　杨梦斐　林国俊　毕　雪

（长江水资源保护科学研究所，武汉 430051）

摘　要：以长江上游地区嘉陵江、岷江、雅砻江流域已开展的调查为基础，阐述了目前各部门对长江流域河道的生态流量提出的要求，以及已采取的管控措施，并对调查过程中发现的问题进行总结，提出长江生态流量监督管理改善建议。

关键词：长江；生态流量；监督管理；生态调度

随着人们生态环境保护意识的提高，河湖生态流量受到越来越广泛的关注。国家相关行政主管部门在审批涉水工程的过程中，通常会对目标水体的生态流量提出要求，如水利部门在审批取水许可时，通常会对取水后保留在河（湖）的生态流量提出要求；环保部门在审批水库工程时，通常会对水库下泄生态流量提出要求，特别是对生态基流做出明确的定量要求。本文主要阐述相关主管部门对长江流域河道的生态流量要求及执行情况，分析其监测、监督与管理方面存在的问题。

1　调查范围

调查范围选择生态流量问题相对突出的长江重要支流雅砻江、岷江和嘉陵江流域，重点为雅砻江干流中下游、岷江干流及其主要支流大渡河和青衣江，以及嘉陵江干流。

作者简介：李志军，男，42 岁，长江水资源保护科学研究所，教授级高级工程师/副处长，长期从事水资源与水环境研究，13507183642，邮箱 lizj@ywrp.gov.cn。

通讯作者：李迎喜，13995636386，liyx@ywrp.gov.cn。

2 调查方法

（1）现场调查

为深入了解长江流域干流、支流重要断面和节点的生态流量下泄及流域生态流量管理情况，共开展了 3 次现场调查。

①岷江流域调查

2015 年 7 月 7—9 日，课题组赴岷江干流紫坪铺电站进行了调研。调研过程中，课题组向电站业主了解了紫坪铺电站的日常运行管理和生态流量监测情况，并实地考察了紫坪铺坝下泄生态流量情况。

②青衣江、大渡河、雅砻江、嘉陵江流域调研

2015 年 10 月 27 日—11 月 1 日，课题组先后到雅安市宝兴县、芦山县、汉源县、西昌市、米易县、盐边县等地，实地考察了青衣江上游宝兴河 6 座梯级电站、大渡河大岗山电站、瀑布沟电站、雅砻江二滩电站、桐子林电站、嘉陵江亭子口电站等，向业主详细了解了部分电站的生态流量下泄方式和管理模式；并走访了当地水行政主管部门——四川省雅安市水务局，听取了水务局工作人员对雅安市“江河生态流量在线监测系统”的运行情况介绍。

（2）资料收集与筛选

除现场调查外，课题组还收集了相关法律法规（《水法》《水污染防治法》《环境保护法》等），规范性文件（《水电工程生态流量计算规范》《水电水利建设项目河道生态用水、低温水和过鱼设施环境影响评价技术指南》《建设项目水资源论证导则》《流域生态健康评估技术指南》《国务院关于实行最严格水资源管理制度的意见》等），雅砻江、岷江、嘉陵江等流域综合规划报告，以及主要水利水电工程的环境影响评价文件、水资源论证文件，从规划和文件中查询雅砻江、岷江、嘉陵江等水系的生态流量要求，进行归纳总结，筛选出主要控制断面的生态流量要求。并从四川省水文局、长江委水文局等单位收集部分水文站的水文资料，以及部分水电站的调度运行资料，分析流域控制断面的生态流量达标情况以及水电站下泄生态流量情况。

3 生态流量监管要求

3.1 流域综合规划提出的生态基流控制指标

本次调查涉及的 3 条河流均编制了流域综合规划，为平衡河流开发利用和保护的关系，

防止河道断流等造成生态环境恶化，保证流域生态系统健康和服务功能，流域综合规划提出了河流主要控制断面的生态流量指标。长江片雅砻江、岷江、嘉陵江等流域生态环境需水控制断面及相应指标见表 1 至表 3。

表 1　雅砻江流域主要控制断面生态环境需水量

河流	控制节点	生态基流/（m^3/s）	生态环境下泄水量/亿 m^3		
			全年	汛期	非汛期
雅砻江	雅江	120	79	60	19
雅砻江	小得石	331	179	117	62
安宁河	湾滩	16	26	18	8
鲜水河	道孚	21	15	11	14

表 2　岷江流域主要控制断面生态环境需水量

河流	控制节点	生态基流/（m^3/s）	生态环境下泄水量/亿 m^3		
			全年	汛期	非汛期
岷江	镇江关	7	6	4	2
岷江	彭山	59	44	29	15
岷江	五通桥	531	266	148	118
岷江	高场	551	296	205	91
大渡河	福录镇	366	167	86	81
青衣江	夹江	98	51	27	24

表 3　嘉陵江流域主要控制断面生态环境需水量

河流	控制节点	生态基流/（m^3/s）	生态环境下泄水量/亿 m^3		
			全年	汛期	非汛期
嘉陵江	新店子	25	21	14	7
嘉陵江	亭子口	124	50	36	14
嘉陵江	武胜	157	89	54	35
嘉陵江	北碚	257	229	163	66
涪江	射洪	59	44	29	15

3.2　地方行政主管部门的管理要求

除流域综合规划外，水资源管理部门在审批取水许可时，也对部分水电站的下泄流量提出了管理要求，环保部门在审批环评报告时，也会要求水库下泄生态流量。表 4 列出了调查区域的部分水电站的下泄流量要求。

表 4 长江上游重要支流部分水电站的下泄流量管理要求

序号	流域	河流	电站名称	装机/万 kW	下泄流量/(m^3/s)	数据来源
1	雅砻江	雅砻江干流	锦屏二级水电站	480	45	环保部门
2	雅砻江	雅砻江干流	官地水电站	240	71.5	水利部门
3	雅砻江	雅砻江干流	桐子林电站	60	422	环保部门
4	雅砻江	安宁河	三棵树电站	5.2	16.6	水利部门
5	雅砻江	大桥河（安宁河支流）	大桥水库电站	9	3.48	水利部门
6	岷江	岷江干流	天龙湖电站	18	6.94	水利部门
7	岷江	岷江干流	金龙潭电站	18	6.94	水利部门
8	岷江	岷江干流	吉鱼电站	10.2	22.2	水利部门
9	岷江	岷江干流	福堂电站	36	34.5	水利部门
10	岷江	岷江干流	太平驿电站	26	38	水利部门
11	岷江	岷江干流	紫坪铺电站	76	120	水利部门
12	岷江	青衣江（宝兴河）	硗碛电站	24	0.8	水利部门
13	岷江	青衣江（宝兴河）	小关子电站	16	8.91	水利部门
14	岷江	青衣江（宝兴河）	铜头电站	8	9.86	水利部门
15	岷江	青衣江（宝兴河）	大兴电站	7.5	44	水利部门
16	岷江	青衣江	水津关电站	6.3	43.2	水利部门
17	岷江	青衣江	龟都府电站	6.3	45.1	水利部门
18	岷江	青衣江	鱼洞电站	7.5	46	水利部门
19	岷江	青衣江	槽渔滩电站	7.5	46.1	水利部门
20	岷江	青衣江	百花滩电站	12	30	水利部门
21	岷江	青衣江	城东电站	7.5	51	水利部门
22	岷江	西河赶羊沟（宝兴河支流）	小沟头电站	5	0.97	水利部门
23	岷江	大渡河	永乐电站	5.8	44.15	水利部门
24	岷江	大渡河	大岗山电站	260	165.4	环保部门
25	岷江	大渡河	瀑布沟电站	360	327	环保部门
26	岷江	尼日河（大渡河支流）	开建桥电站	5.25	11.3	水利部门
27	岷江	松林河（大渡河支流）	大金坪电站	12.9	0.4	水利部门
28	岷江	南桠河（大渡河支流）	姚河坝电站	13.2	3.26	水利部门
29	岷江	湾坝河（松林河支流）	湾坝河一级电站	6.9	2.75	水利部门
30	岷江	田湾河（大渡河支流）	仁宗海电站	24	0.7	水利部门
31	岷江	田湾河（大渡河支流）	金窝电站	24	1.1	水利部门
32	岷江	田湾河（大渡河支流）	大发电站	24	1.2	水利部门
33	岷江	瓦斯河（大渡河支流）	小天都电站	24	0.2	水利部门
34	岷江	瓦斯河（大渡河支流）	冷竹关电站	18	4.2	水利部门
35	岷江	金汤河（大渡河支流）	金康电站	15	0.5	水利部门
36	岷江	马边河	舟坝电站	10.2	12	水利部门

序号	流域	河流	电站名称	装机/万 kW	下泄流量/（m^3/s）	数据来源
37	岷江	杂谷脑河	红叶二级电站	9	4.17	水利部门
38	岷江	孟屯河（杂谷脑河支流）	回龙桥电站	5	2.07	水利部门
39	嘉陵江	嘉陵江干流	亭子口电站	100	120	环保部门
40	嘉陵江	嘉陵江干流	金银台电站	12	120	水利部门
41	嘉陵江	嘉陵江干流	红岩子电站	9	77.1	水利部门
42	嘉陵江	嘉陵江干流	新政航电工程	10.8	80	水利部门
43	嘉陵江	嘉陵江干流	金溪航电枢纽	15	80	水利部门
44	嘉陵江	嘉陵江干流	小龙门航电枢纽	5.2	50	水利部门
45	嘉陵江	嘉陵江干流	青居电站	13.6	83.8	水利部门
46	嘉陵江	嘉陵江干流	东西关电站	18	83.8	水利部门
47	嘉陵江	嘉陵江干流	桐子壕航电	10.8	100	水利部门
48	嘉陵江	白龙江	宝珠寺电站	70	25.2	水利部门
49	嘉陵江	白龙江	紫兰坝电站	10.2	110	水利部门
50	嘉陵江	渠江	富流滩电站	3.9	35	水利部门
51	嘉陵江	涪江	三江美亚电站	5.1	50	水利部门
52	嘉陵江	涪江支流火溪河	水牛家电站	7	0.67	水利部门
53	嘉陵江	涪江支流火溪河	自一里电站	13	1.64	水利部门
54	嘉陵江	涪江支流火溪河	木座电站	10	1	水利部门

根据以上资料分析，流域综合规划对主要控制断面提出了生态基流和下泄水量要求，符合从上游到下游逐渐增加的趋势。而取水许可审批和环评报告所提出的水库最小下泄流量，除生态基流外，一般还考虑了航运、下游生产机生态环境用水量等，所以最小下泄流量要求与水电站的位置关系（上下游）存在不一致的情况。

4 控制断面生态流量达标情况

本次调查收集近 10 年雅砻江流域、岷江流域、嘉陵江流域主要水文站的流量资料，与管理目标进行比对，分析现状生态流量的满足程度。

以部分控制断面的生态基流为基准，定义该断面达到生态基流的天数所占总天数比例为生态流量达标率。调查结果显示，主要控制断面的生态流量达标程度均较高，10 年总达标率均在 90%以上，河流生态流量满足程度较好，见表 5。

表 5 长江上游重要支流的部分控制断面近 10 年生态流量达标率

序号	流域	河流	断面	生态基流/（m³/s）	达标率/%										
					2004年	2005年	2006年	2007年	2008年	2009年	2010年	2011年	2012年	2013年	总达标率
1	雅砻江	干流	小得石	331	100	100	100	100	100	100	100	100	100	100	100
2	雅砻江	安宁河	湾滩	16	100	100	100	100	100	100	100	100	100	100	100
3	岷江	干流	镇江关	7	100	100	100	100	100	100	100	100	100	100	100
4	岷江	干流	彭山	59	91.7	100	100	100	100	100	100	100	100	100	99.2
5	岷江	干流	高场	551	—	100	100	100	100	100	100	100	100	100	100
6	岷江	干流	五通桥	531	100	100	100	100	100	100	100	100	100	100	100
7	岷江	青衣江	夹江	98	100	100	100	100	100	100	100	100	100	100	100
8	嘉陵江	干流	亭子口	123.6	100	100	100	100	100	100	100	100	—	100	95.0
9	嘉陵江	干流	武胜	156.6	—	97.5	90.1	92.6	98.9	99.2	97.5	96.4	98.9	95.9	96.5
10	嘉陵江	干流	北碚	257.2	—	100.00	98.4	97.5	100.00	100.00	99.7	98.9	100.00	100.00	99.5
11	嘉陵江	涪江	射洪	59	100	100	100	91.7	100	100	100	100	100	100	99.2

武胜断面达标率略低，与控制断面上游南充市生产、生活用水量较大有关。不达标的时段主要为灌溉用水量较大且河道上游来水量相对较小的 9—11 月。

5 河道生态流量监督管理现状

由于雅砻江、岷江、大渡河、嘉陵江等流域范围大部分集中在四川省境内，因此本次河道生态流量监督管理调查以四川省为主。

四川省雅安市 2007 年在四川省率先开展涉水工程下泄生态流量在线监测工作，通过租用中国电信技术平台，市级、县级水行政主管部门协调监管的方式，建立了“雅安市江河生态流量在线监测系统”，实时监控水电站下泄生态流量情况。监测系统的建设模式为企业自行建设、维护，市级、县级水务局进行指导并给予补助。该系统监控中心设在雅安市水务局，宝兴县、芦山县、石棉县、天全县、荥经县、雨城县设分控中心。目前，纳入市级、县级监控中心的站点共有 52 个，基本覆盖市管以上和县管主要河流。

该系统主要通过摄像头对电站下泄流量进行远程观测，未实现流量的定量监测。系统管理人员每月根据监测情况进行总结，形成《雅安市江河生态流量在线监测系统监测月报》。调查中通过查阅部分月报发现，部分电站枯季时未按要求下泄生态流量或下泄生态流量次数少。据了解，目前对于电站不按要求下泄生态流量的情况还未形成有效的处罚和问责机制。

6 监督管理中存在的问题

2006年之前雅砻江、岷江、嘉陵江开工建设的项目绝大多数都没有考虑泄放生态流量。2006年《水电水利建设项目河道生态用水、低温水和过鱼设施环境影响评价技术指南（试行）》出台后，明确了对于会造成下游河道减脱水的水利水电工程，必须下泄一定的生态流量及采取相应的生态流量泄放保障措施。在这之后的建设项目基本都会采取生态流量泄放措施。泄放工程保障措施包括单独设置小机组承担基荷发电任务、单独设置生态流量泄放设施、结合工程引水或泄流永久设施修建或改建生态流量泄放设施等多种形式。

虽然水利水电工程在其工程设计上考虑了相应的生态流量泄放措施，但河道生态流量监管还存在以下一些问题。

（1）管理制度亟待完善

目前涉及水电站生态流量的法规、条例等较多的关注生态流量计算的技术要求，而相应的运行管理等方面的规定很少。虽有管理目标，但制度的缺失导致生态流量管理工作不能落实，一些河流的梯级电站虽然建有各种调度中心，但仅是为了满足电力调度的需求，并未对生态流量进行日常监管。

（2）管理目标存在不协调

生态流量的监管涉及水利、环保等多个部门。虽然流域综合规划、取水许可审批和项目环评审批均提出了生态流量管理目标，但由于不同部门管理方式不一致，对生态流量采取的计算方法也不尽相同，确定的河流断面管理目标存在上下游不一致的情况，且部分中小电站由于建成时间早，没有相应的下泄流量控制目标，导致实际管理中上下游水量难以协调。

（3）缺乏相关的管理和建设资金

本次调查了解到，实施了水电站生态流量下泄监控的流域或河流非常少，大部分区域的生态流量管理工作还处于起步阶段，监测设施、监测人员等配套不齐全。很多电站在2006年以前建成，原设计中未考虑生态流量下泄的问题，在实施取水许可后，部分四川省水利厅在电站办理取水许可时，要求电站下泄生态环境流量，并且做了定量要求，但由于没有建成在线监测系统，也无法进行监管。

在本次调研中，监管较好的青衣江流域的雅安市，建立了"雅安市江河生态流量在线监测系统"，基本覆盖市管以上和县管主要河流，但该系统只能定性的监测生态流量下泄情况，不能定量监测生态流量下泄情况。据了解，雅安市水务局从2007年开始建设该系统，共投入资金800余万元，系统每年的管理运行费用，已经成为市局的负担，目前从中央到省级层面均无专项资金保障系统运行，系统运行本身又不能产生效益，这也是目前生态流量在线监测系统推广缓慢的一个主要因素。

（4）业主众多，难以统一调度

由于各条河上电站业主众多，电站建设时间也不一致，业主间互相观望，在水电开发生态流量泄放的监管职责定位不清，工程环保日常监管不到位的情况下，很容易使生态流量泄放措施成为摆设。由于下泄生态环境流量直接影响到经济效益，尤其是对中小电站的效益影响十分明显，因此很多电站业主在缺乏监管的情况下，不会主动下泄生态流量。灌溉高峰期，“电调”和“水调”之间还会产生矛盾，各相关方协调难度大，难以统一调度。

7 监督管理制度改进建议

（1）强化管理依据，明确部门职责

建议由流域管理机构牵头研究，在完善流域规划环评、流域水资源论证等制度的基础上，建立生态流量管理制度，明确河流生态流量的法律地位，并由省级政府发文统一规范和指导生态流量的管理工作。

（2）强化生态流量调度监管

按照《国务院关于实行最严格水资源管理制度的意见》（国发〔2012〕3 号）要求，将生态流量纳入水资源调度方案。经批准后，有关地方人民政府和部门应严格服从，区域水资源调度服从流域水资源统一调度，水力发电、供水、航运等调度服从流域水资源统一调度，切实保障生态流量。推行生态补偿制度、实现奖惩结合，对主动、积极配合生态流量调度的利益相关方，实行“上网电价优惠”或直接给予经济补偿，对于抢占下游生态流量的利益相关方，采取罚款、暂停或取消用水资格等惩罚措施。

（3）继续推动水电开发中的生态流量管理

已有水电工程要制订生态调度方案，明确泄放过程。新建工程生态流量泄放设施要与主体工程同步设计、同步施工、同步投入使用，并制订生态调度方案，将其纳入工程总体运行调度。生态流量泄放措施的落实情况要作为工程环保竣工验收的重要考核内容。

珠江河口压咸最小流量与保障措施

刘　斌　黄宇铭　邓伟铸

（珠江水资源保护科学研究所，广州 510635）

摘　要：河口压咸流量是坝下最小下泄流量的保证目标之一，由于敏感目标的特殊性，河口压咸流量的水文节律需求和保障方式与其他用途不同。本文以珠江河口为研究对象，以我国澳门、珠海主要水源地平岗泵站为例，研究了水源地对河口压咸流量水文节律的需求，提出了目前和大藤峡水利枢纽建成后的规划水平年压咸流量的保障方式和“总量控制、节点调节、精细调度、滚动调整”的调度原则。

关键词：珠江；河口；压咸；流量；保障措施

1　问题提出

河口区为海陆交汇区域，受径流和潮流共同作用，动力过程复杂，受咸水、淡水交互影响，形成了独特的生态系统。河口区主要的生态需水包括维持河口盐度平衡需水、维持河口泥沙冲淤平衡需水、维持河口生物生境动态平衡所需水量及河口湿地需水等。珠江河口及三角洲地区是世界上人口密度最高，经济最发达的地区之一，因此珠江三角洲的河口生态需水主要为河口盐度平衡需水，即压咸需水。由于珠江三角洲没有水库工程，因此这种需求只能通过上游水库调度满足。

2　国内外研究进展

咸潮入侵问题在平原河口普遍存在。Bowden 在 Mersey 河口的研究表明淡水输入量对河口盐水入侵范围、泥沙输移运动及其冲刷淤积关系密切[1]；Wang 和 Fokkink 建立了长周期的地貌动力模型，在人类活动、海平面升降、波浪等作用下，径流和潮流对水沙动态平衡的影响[2-3]。Ponteen 在英国亨伯河口的研究表明淡水输入量变化对河口泥沙输运和淤积产生明显影响，并明确了该河口淡水输入量变化对河床淤积或冲刷影响的阈值范围[4]。

国内对河口生态需水问题的研究始于 20 世纪 80 年代，韩乃斌采用 Ippen 法分析了枯水流量、多年平均流量条件下，“南水北调”对长江口盐度入侵长度的影响，通过建立盐水入侵长度与径流量的经验关系，预测长江引水后盐度超标时间和入侵长度的变化[5]；郑建平等通过建立入海径流与盐度的回归关系，以 20 世纪 80 年代中期以前的盐度多年平均值为标准确定海河流域主要河口的生态需水量[6]。闻平等通过建立珠江磨刀门河口实测盐度与流量关系，确定在特定保证率下最小压咸流量和压咸时机[7]。刘斌采用主成分分析法研究磨刀门水道咸潮影响因素，并根据取淡目标进行流量控制的压咸调度方案研究[8-9]。

综上所述，河口盐度平衡受多种因素控制，在珠江河口主要因素为径流量，前人曾采用实测资料分析方法进行了河口最小压咸流量的计算。但没有提出水文节律需求和保障方式。

3 珠江河口咸潮影响期主要取水口和压咸需求

枯季上游径流是影响咸潮上溯的主要原因。根据实测流量、氯化物含量统计分析、现场调研情况，不同流量条件下珠江三角洲 250 mg/L 氯化物含量界限（咸界）变化空间分布如图 1 所示。图中西北江三角洲对应流量为思贤滘流量，东江三角洲咸潮线对应流量为东江石龙断面加增江麒麟咀断面流量。

从图 1 中可以看出，当思贤滘流量为 1 000 m^3/s 时，西北江三角洲咸界上溯至佛山、顺德、江门附近，广州、中山、珠海全面位于咸界内，三角洲各取水口受到全面影响；当上游来水达到 5 500 m^3/s 时，咸界基本退至各取水口以下，澳门、珠海供水系统的主要取水口平岗、广昌基本不受咸潮影响；当思贤滘流量为 2 800 m^3/s（梧州+流量为 2 500 m^3/s）时，咸潮主要影响中山市南镇水厂、珠海市平岗泵站、广昌泵站、洪湾泵站、黄杨泵站，咸潮基本不影响广州市石门水厂、沙湾水厂、南洲等主力水厂，不影响佛山市桂州水厂、容奇水厂、容里水厂和中山市全禄水厂、大丰水厂，江门市牛筋水厂、鑫源水厂。

表 1　梧州+流量为 2 500 m^3/s 时咸潮影响的取水口

行政区	取水口
中山	南镇水厂
珠海（澳门）	平岗泵站、广昌泵站、洪湾泵站、黄杨泵站

注：思贤滘对应流量为 2 800 m^3/s。

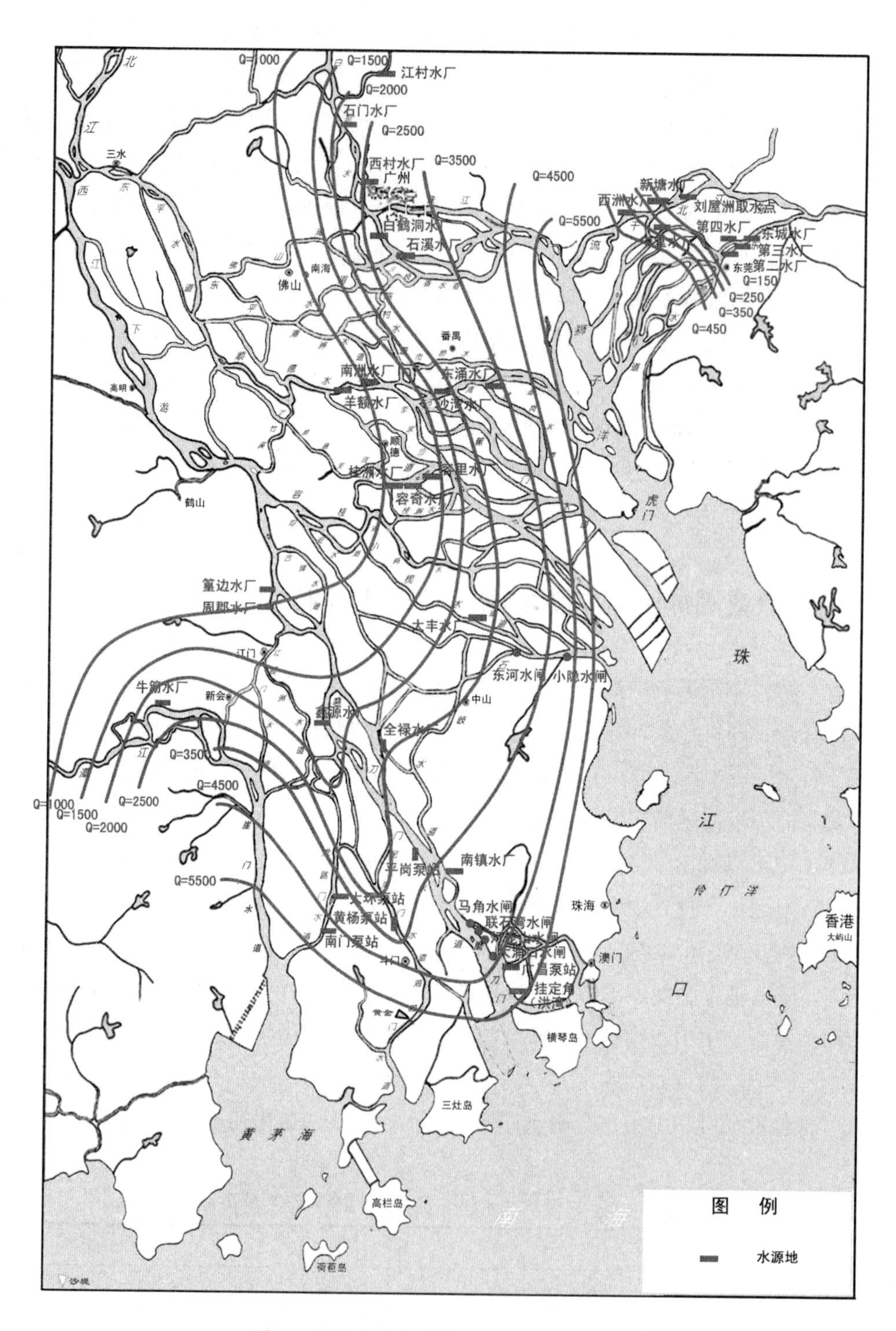

图1 不同来水条件下珠江三角洲咸界线

珠江河口咸潮主要影响中山、珠海、澳门 3 个行政区的取水安全。其中，中山市在磨刀门水道主要的取水口为全禄水厂，主要取水方式为河道取水。主要调蓄水库为长江水库，但调蓄能力较弱。珠海市、澳门特别行政区在磨刀门水道主要的取水口为平岗泵站，主要取水方式为河道取水，其取淡保证率为 40%。全禄水厂、平岗泵站均在珠江河口咸界影响范围内，是需要保障压咸的主要取水口。

4 最小下泄流量与水文节律需求

对于全禄水厂，采用平均咸界和流量的相关关系得出保障平均咸界位于全禄水厂以下的流量，即思贤滘最小压咸流量为 2 500 m^3/s。

对于平岗泵站，采用数值模型和供水调度模型计算其最小压咸流量。

4.1 西北江三角洲二维水动力——氯化物含量数学模型

西北江三角洲的咸潮上溯受陆地径流和海洋潮流等因素的共同影响，其入侵过程在水平方向上表现出明显的二维特性。建立西北江三角洲二维水动力——氯化物含量数学模型——ccost-2d，对该区域的流场、盐场等进行仿真模拟，计算不同水文组合条件下河网区至近海区的盐场分布情况。

（1）计算模型基本方程

水动力模式采用的二维平面正交曲线网格上的海洋控制方程组为：

连续性方程：

$$
\begin{aligned}
&h_1h_2\frac{\partial\eta}{\partial t}+\frac{\partial}{\partial\xi_1}\left(h_2U_1D\right)+\frac{\partial}{\partial\xi_2}\left(h_1U_2D\right)+h_1h_2\frac{\partial\omega}{\partial\sigma}=0\\
&\omega=W-\frac{1}{h_1h_2}\left[h_2U_1\left(\sigma\frac{\partial D}{\partial\xi_1}+\frac{\partial\eta}{\partial\xi_1}\right)+h_1U_2\left(\sigma\frac{\partial D}{\partial\xi_2}+\frac{\partial\eta}{\partial\xi_2}\right)\right]-\left(\sigma\frac{\partial D}{\partial t}+\frac{\partial\eta}{\partial t}\right)
\end{aligned}
\tag{1}
$$

动量方程：

$$
\begin{aligned}
&\frac{\partial\left(h_1h_2DU_1\right)}{\partial t}+\frac{\partial}{\partial\xi_1}\left(h_2DU_1^2\right)+\frac{\partial}{\partial\xi_2}\left(h_1DU_1U_2\right)+h_1h_2\frac{\partial\left(\omega U_1\right)}{\partial\sigma}+DU_2\left(\partial U_2\frac{\partial h_2}{\partial\xi_1}+U_1\frac{\partial h_1}{\partial\xi_2}-h_1h_2f\right)\\
&=-gDh_2\left(\frac{\partial\eta}{\partial\xi_1}+\frac{\partial H}{\xi_1}\right)-\frac{gD^2h_2}{\rho}\int_\sigma^0\left[\frac{\partial\rho}{\partial\xi_1}-\frac{\sigma}{D}\frac{\partial D}{\partial\xi_1}\frac{\partial\rho}{\partial\sigma}\right]\mathrm{d}\sigma-D\frac{h_2}{\rho}\frac{\partial P_a}{\partial\xi_1}+\frac{\partial}{\partial\xi_1}\left(2A_M\frac{h_1}{h_2}D\frac{\partial U_1}{\partial\xi_1}\right)+\\
&\frac{\partial}{\partial\xi_2}\left(A_M\frac{h_1}{h_2}D\frac{\partial U_1}{\partial\xi_2}\right)+\frac{\partial}{\partial\xi_2}\left(A_MD\frac{\partial U_2}{\partial\xi_1}\right)+\frac{h_1h_2}{D}\frac{\partial}{\partial\sigma}\left(K_M\frac{\partial U_1}{\partial\sigma}\right)
\end{aligned}
\tag{2}
$$

$$
\begin{aligned}
&\frac{\partial(h_1h_2DU_2)}{\partial t}+\frac{\partial}{\partial\xi_2}\left(h_2DU_2^2\right)+\frac{\partial}{\partial\xi_1}\left(h_1DU_1U_2\right)+h_1h_2\frac{\partial(\omega U_2)}{\partial\sigma}+DU_1\left(-U_1\frac{\partial h_1}{\partial\xi_2}+U_2\frac{\partial h_2}{\partial\xi_1}-h_1h_2f\right)\\
&=-gDh_1\left(\frac{\partial\eta}{\partial\xi_2}+\frac{\partial H}{\xi_2}\right)-\frac{gD^2h_1}{\rho}\int_\sigma^0\left[\frac{\partial\rho}{\partial\xi_2}-\frac{\sigma}{D}\frac{\partial D}{\partial\xi_2}\frac{\partial\rho}{\partial\sigma}\right]\mathrm{d}\sigma-D\frac{h_1}{\rho}\frac{\partial P_a}{\partial\xi_2}+\frac{\partial}{\partial\xi_2}\left(2A_M\frac{h_2}{h_1}D\frac{\partial U_2}{\partial\xi_2}\right)+\\
&\frac{\partial}{\partial\xi_1}\left(A_M\frac{h_2}{h_1}D\frac{\partial U_2}{\partial\xi_1}\right)+\frac{\partial}{\partial\xi_1}\left(A_MD\frac{\partial U_1}{\partial\xi_2}\right)+\frac{h_1h_2}{D}\frac{\partial}{\partial\sigma}\left(K_M\frac{\partial U_2}{\partial\sigma}\right)
\end{aligned}
\tag{3}
$$

式中，U_1和U_2分别是曲线网格ξ_1和ξ_2方向上的速度；h_1和h_2是对应方向上的网格步长；η为水位；D为总水深，$D=H+\eta$；垂向采用的是随水深变化的σ坐标。将以上两公式垂向积分，就可用于进行二维水动力数值计算求解，差分方法为半隐式，其中水位求解用隐式，速度求解用显式。

氯化物含量计算模式采用物质输运模块，氯化物扩散方程为：

$$
\frac{\partial HS}{\partial t}+\frac{\partial uHS}{\partial x}+\frac{\partial vHS}{\partial y}=\frac{\partial}{\partial x}\left(\varepsilon H\frac{\partial S}{\partial x}\right)+\frac{\partial}{\partial y}\left(\varepsilon H\frac{\partial S}{\partial y}\right)
\tag{4}
$$

式中，u、v为水流速度；$H=h+\eta$为水深；h为静水深；η为潮位；S为水中含盐量；ε为氯化物扩散系数。氯化物差分方程采用显式求解。

（2）计算模型网格

上游边界为：西江高要、北江石角、东江博罗、潭江石咀、增江麒麟咀，下游边界至60 m等深线。计算网格采用平面二维直角贴体网格，在主要过水通道处加密。计算模型网格如图2所示。

（3）计算结果

从模拟结果（图3、图4），当西江+北江来水流量为2 000 m^3/s时，磨刀门水道最大咸界（涨憩）深入磨刀门河口约60 km（咸界至磨刀门出水道口门处大横琴潮位站的距离），位于中山市全禄水厂取水口之上，珠海市全部取水口均位于最大咸界以下；最小咸界（落憩）深入磨刀门河口约20 km，位于珠海市联石湾水闸附近，中山市全禄水厂取水口、南镇水厂取水口，珠海市竹洲头泵站、平岗泵站均有取水机会，联石湾水闸取淡机会不大。

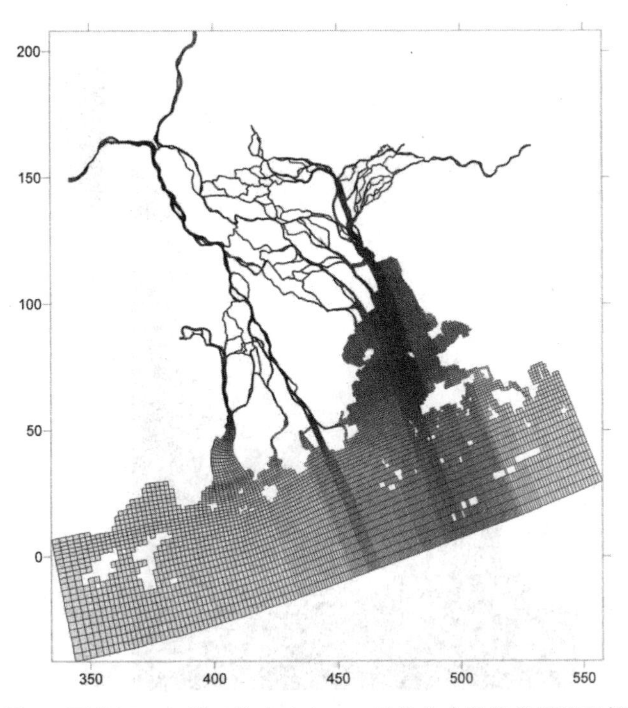

图 2　西北江三角洲二维水动力——氯化物含量数学模型网格

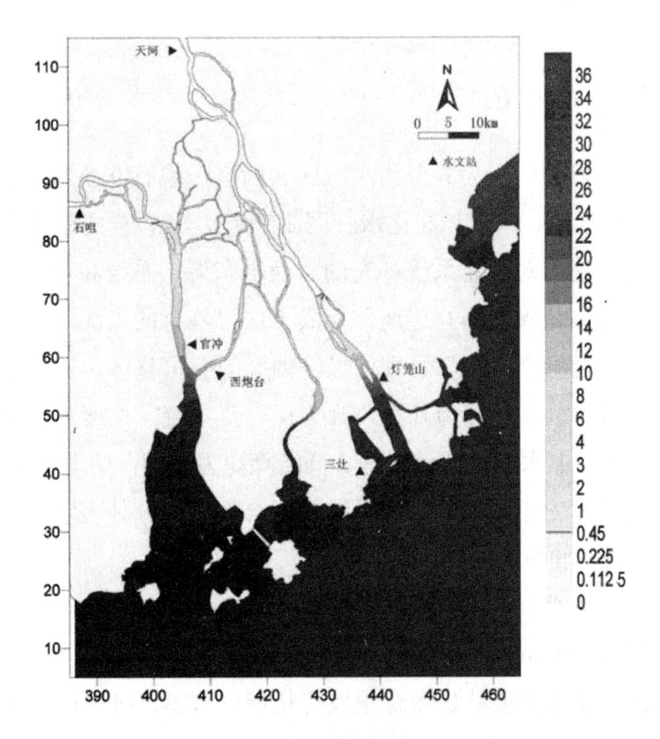

图 3　西江+北江 2 000 m^3/s 流量时涨憩（挂定角）盐度分布

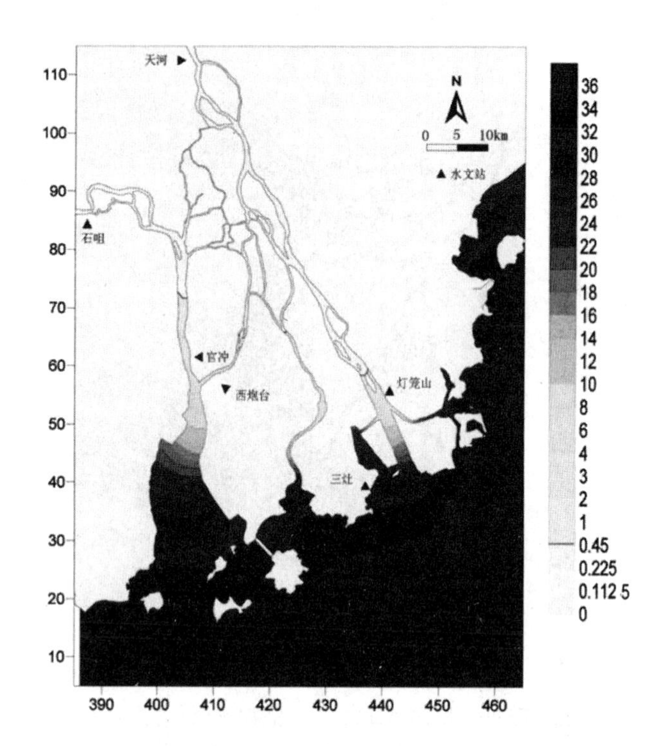

图 4　西江+北江 2 000 m^3/s 流量时落憩（挂定角）盐度分布

4.2　取供水系统联合调度模型

珠海的供水系统，以磨刀门为界分为主城区和西区，现有 9 座水源泵站、17 座水库、6 座主力水厂和数个小水厂、原水和净化水管网 1 700 多 km，构成了对主城区供水的北系统、对澳门供水的南系统、对南北系统补充的“西水东调”系统和对西部供水的西系统。

取供水系统通过泵站、管道相互连通，形成了珠海特有的以江水为主、水库调节、江库连通、库库连通、远近结合、科学管理、经济调度的有机整体，取水系统、供水水库系统、输水系统 3 个系各司其职，互为补充，互为保障，在统一调度下，确保了珠海、澳门两地的生产、生活用水。丰水期以就近取水、节能降耗为原则，枯季（咸期）以多点取水、多级接力输水、抢淡补库为原则。取供水系统的联合调度充分体现了冲污、洗咸、蓄水、调咸、抢淡、供水一体化的实现。

采用数值模型和供水调度模型计算出平岗泵站的梧州最小压咸流量为压咸期 2 100 m^3/s，非压咸期 1 800 m^3/s，石角最小压咸流量取 250 m^3/s。

采用“打头压尾”调度主要从日跟踪出发优化调度方案，既考虑了下游供水要求，又最大限度利用了长洲水利枢纽调节库容。根据近年来枯水调度经验，上游连续补水，下游取水泵站取淡时间较长。“打头压尾”是指在半月周期内咸潮的强转弱阶段和弱转强阶段各找出一段对流量最敏感的时段，按日控制流量。在咸潮由强转弱和由弱转强阶段，将流量增加至最小压咸流量以上，在咸潮峰谷时段适当减小流量，用最少水量压制咸潮，延长下游取淡时间的科学调度方式。通常每次最大潮差出现的前 2 d 左右，平岗泵站最大含氯度开始下降，即咸峰早于潮峰，此时加大上游来水量，加快平岗泵站含氯度由咸转淡；最小潮差出现的前 2～3 d，适当加大上游来水，延缓平岗泵站含氯度由淡转咸。

根据 2005—2016 年近 12 年的枯水期水量调度实践成果，压咸调度时间始于当年汛末的 10 月，止于次年的 2 月，历时近半年。压咸调度的主要作用是使受咸潮影响严重无法取水的磨刀门水道珠海市主要取水泵站及进水闸均有一定的取（进）水时间，通过抢淡、蓄淡和当地水库调蓄作用，保障珠海、澳门供水要求。因此，总结多年的调度经验，压咸时段为各月（阴历月）的二十八至次月初四和十二至十八，每个时段历时 7 d，要求这两个时段梧州的下泄流量大于 2 100 m^3/s，思贤滘的下泄流量大于 2 500 m^3/s。

5 保障方式

大藤峡工程建成后，进一步提高了西江干流水资源调丰补枯的能力，在来水偏枯年份进行“总量控制、节点调节、精细调度、滚动调整”的水资源调度原则，特别是在特枯年份保证思贤滘压咸流量达到 2 500 m^3/s 起到了关键作用。经工程水资源配置调度后，与天然来水情况相比，最大影响情况下可使平均咸界在磨刀门水道后退 15.7 km，小榄水道后退 16.1 km，沙湾水道后退 8.4 km，使广州沙湾水厂、南洲水厂，佛山市容奇水厂、容里水厂和中山市全禄水厂、大丰水厂，江门市牛筋水厂、鑫源水厂等基本不受咸潮影响，珠海市的主力泵站平岗泵站取淡概率由无大藤峡的 35.2%提高至 56.2%，增加枯水期取水量 5 476 万 m^3。保障了珠江三角洲地区的供水安全（图 5）。

表 2　中山、珠海在西江干流取水口的取水规模　　单位：万 m^3/d

序号	行政区	取水口	现状取水规模	规划取水规模
1	中山市	全禄水厂	50	50
2	中山市	稔益水厂	14	14
3	珠海市	竹洲头泵站	80	96
4	珠海市	平岗泵站	124	160
5	珠海市	广昌泵站	80	100

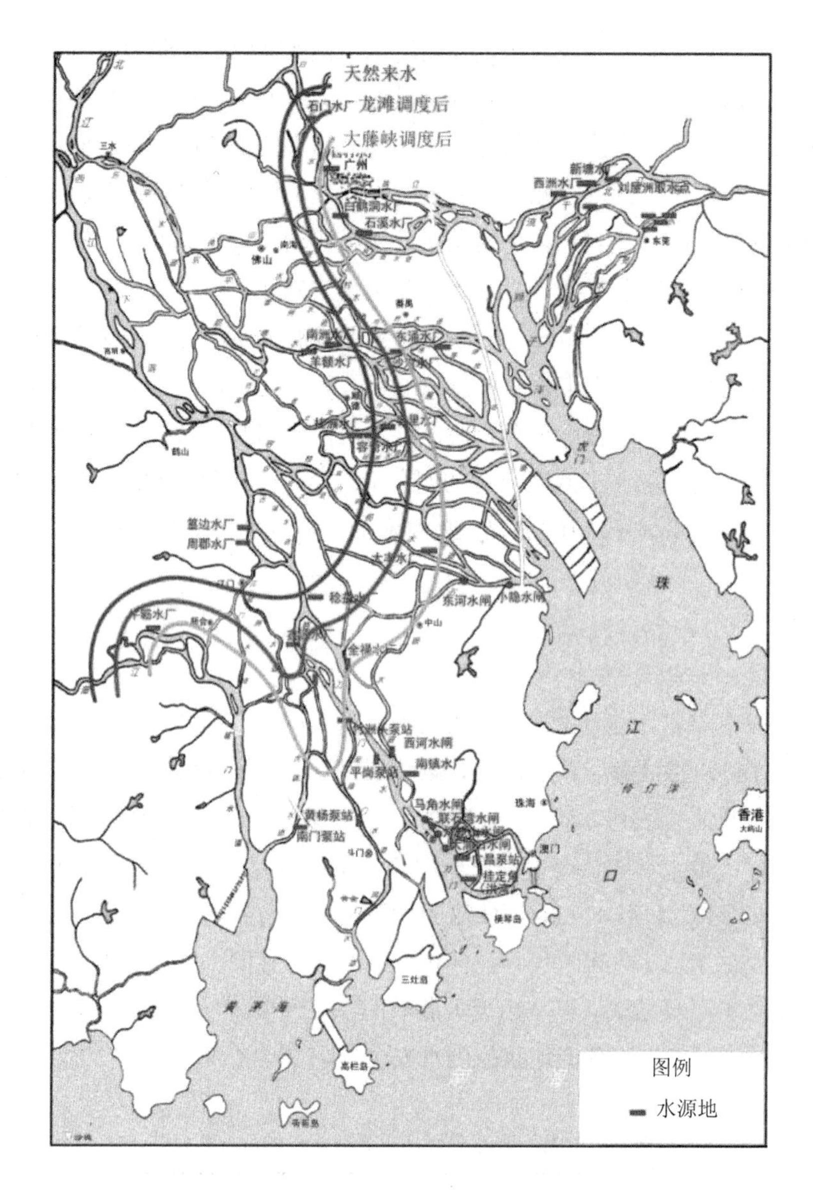

图 5　大藤峡调度前后最枯潮周期咸潮界位置变化示意

5.1　非特殊干旱年调度规则

大藤峡水利枢纽的枯水期水资源配置调度，在每年的 10 月至次年 2 月枯水季期间，根据坝址上游武宣、郁江贵港、蒙江太平、北流江金鸡和桂江京南 5 个测站实测流量测报梧州站流量进行水库水量调度。

（1）若在各月（阴历月）的二十八至次月初四和十二至十八需要压咸时期，5 个测站测报的梧州流量小于压咸流量 2 100 m^3/s，大藤峡加大泄量以满足梧州站压咸流量的要求；

若 5 个测站测报梧州站流量大于 2 100 m^3/s，且大藤峡水位低于正常蓄水位 61 m 时，大藤峡水库在满足梧州流量大于 2 100 m^3/s 的前提下减小下泄量，水库回蓄，下泄量不小于航运基流 700 m^3/s。

（2）若在每个月（阴历月）非压咸时段内，5 个测站测报梧州流量小于 1 800 m^3/s，大藤峡加大泄量满足梧州生态流量要求；若 5 个测站测报梧州流量大于 1 800 m^3/s，且大藤峡水位低于正常蓄水位 61 m 时，大藤峡水库在满足梧州流量大于 1 800 m^3/s 的前提下减小下泄量，水库回蓄，下泄量不小于航运基流 700 m^3/s。

5.2 特殊干旱年水资源配置分析

大藤峡水库设置 15 亿 m^3 的调节库容，仍有特殊干旱年份下游会出现供水不能保证的情况。考虑上游龙滩等发电水库有较大的调节库容及很好的调节性能，如遇特殊干旱年份，应进行流域水资源的统一调度，调整这些水库的调度规则，对下游进行补水。

根据流域枯水期来水的长期预报结果，若遇特殊干旱年份（频率超过 97%），仅靠大藤峡的配置作用已无法满足下游三角洲供水要求，需改变龙滩等水库的调度规则，适当在汛末多蓄水，在枯期下游需要时进行补水。下游可先控制思贤滘总入流在 2 000 m^3/s 左右，珠海、澳门启动紧急供水预案，限制供水量，并适当提高供水的含氯度标准至 400 mg/L。在珠海、澳门连续一个月不能正常取水时，再由上游水库联合应急调度，选择在中小潮期紧急向下游输水，使思贤滘流量达到 2 500 m^3/s 的时间有 10 d 左右，以保障珠海、澳门、中山和广州等城市得到淡水补充。

6 结论

本文以珠江河口为研究对象，以澳门、珠海主要水源地平岗泵站为例，研究了水源地对河口压咸流量水文节律的需求，提出了目前和大藤峡水利枢纽建成后的规划水平年压咸流量的保障方式和“总量控制、节点调节、精细调度、滚动调整”的调度原则。

（1）珠江河口咸潮上溯，全禄水厂、平岗泵站均在珠江河口咸界影响范围内，是需要保障压咸的主要取水口。

（2）根据历史咸界线，得到保障全禄水厂正常取水的思贤滘最小压咸流量为 2 500 m^3/s；采用数值模型和供水调度模型计算出平岗泵站的梧州最小压咸流量为压咸期 2 100 m^3/s，非压咸期 1 800 m^3/s，石角最小压咸流量取 250 m^3/s。

（3）大藤峡工程建成后，通过“总量控制、节点调节、精细调度、滚动调整”的水资源调度原则，可保证珠海、澳门和中山的取水安全。

参考文献

[1] Bowden K F. Circulation and Mixing in the Mersey Estuary. International Association for Scientific Hydrology[R]. Committee on Surface Water，1960.

[2] Wang Z B，Karssen B，Fokkink R J，et al. A Dynamic/Empirical Model for Long-term Morphological Development of Estuaries[R]//Dronkers J and Scheffers M B A M. Physics of estuaries and coastal seas，Balkema，Rotterdam，1998.

[3] Fokkink R J，Karssen B，Wang Z B. Morphological Modeling of the Western Scheldt Estuary[R]//Dronkers J and Scheffers M B A M. Physics of estuaries and coastal seas，Balkema，Rotterdam，1998.

[4] Ponteen I，Whilehead P A，Hayes C M. The Effect of Freshwater Flow on Siltation in the Humber Estuary North East UK[J]. Estuarine Coastal and Shelf Science，2004，60（2）：241-249.

[5] 韩乃斌. 南水北调对长江口海水入侵的影响[R]. 南京水利科学研究所，1982.

[6] 郑建平，王芳，华祖林. 海河河口生态需水研究[J]. 河海大学学报：自然科学版，2005，33（5）：518-521.

[7] 闻平，陈晓宏，刘斌，等. 磨刀门水道咸潮入侵及其变异分析[J]. 水文，2007，27（3）：65-67.

[8] 刘斌，孔兰，刘丽诗. 基于主成分分析的磨刀门水道咸潮影响因素研究[J]. 人民珠江，2012，6：24-26.

[9] 刘斌，刘丽诗，吴炜，等. 基于取淡与流量控制的压咸调度方案研究[J]. 水文，2013，33（4）：84-86.

三、下泄生态流量实践与应用

雅砻江流域水电开发环境保护理念与实践

吴世勇　王红梅

（雅砻江水电开发有限责任公司，成都 610051）

摘　要：雅砻江干流全长 1 571 km，规划 22 个梯级电站，总装机约 3 000 万 kW，在中国十三大水电基地中列第三位。在雅砻江流域水电开发中，秉承“流域统筹，和谐发展”的环保理念，环境保护工作得到持续高度重视。2006 年，雅砻江上首个建成发电的电站——二滩水电站被评为国家“环境友好工程”。本文以雅砻江流域开发为实例，就雅砻江水电开发中的环境保护理念与工作实践进行了总结，并分析了水电开发的环境效益。雅砻江流域的环境保护实践，可为其他建设项目提供借鉴。

关键词：雅砻江；水电；环保；理念；实践

1　引言

继 2009 年联合国世界气候变化峰会之后，在 2015 年巴黎气候大会上，中国政府再次承诺，中国将于 2030 年左右使二氧化碳排放达到峰值并争取尽早实现，2030 年单位国内生产总值二氧化碳排放比 2005 年下降 60%～65%，非化石能源占一次能源消费比重达到 20%左右。

“十二五”期间，我国可再生能源占一次能源的比重仅从 9%提高到 12%，“十二五”期间减排任务非常艰巨。目前真正能够大规模替代化石能源的主要为水能和核能。而相对于我国水能资源世界第一和铀矿相对贫乏的资源禀赋现状来说，水能的作用巨大。

水电发展的进程中，受到过一些极端的负面舆论误导；但同时，这些诟病和质疑也促使水电行业不断自省和重塑，我们需要付出更多的努力，创建水电与生态和谐发展的开发模式。健康、和谐的形象，是水电行业发展的重要保障。

2003 年，国家发改委授权雅砻江水电开发有限责任公司（以下简称公司），负责实施雅砻江水能资源开发，全面负责雅砻江梯级水电站的建设和管理。2006 年，二滩水电站——雅砻江第一个建成发电的、装机 330 万 kW 的巨型水电站荣膺环境保护部颁发的“环境友好工程”奖。雅砻江流域开发中所秉承的“开发与保护并重”的理念，在实践中得到贯彻和落实。

2 雅砻江流域资源及开发概况

雅砻江发源于青海省巴颜喀拉山南麓，自西北向东南流经四川省西部，于攀枝花市汇入金沙江。干流全长 1 571 km，年径流量 609 亿 m^3，技术可开发容量约 3 000 万 kW。流域水能资源具有控制流域面积大、径流丰沛、水能资源分布集中、开发目标单一、大型电站多、装机容量大、规模优势突出、迁移人口及淹没耕地少、单位淹没指标低、整体调节性能好、对下游梯级电站补偿作用大等特点。

雅砻江干流规划分 3 个河段，拟订 21 级电站。上游河段拟订十级开发，总装机约 325 万 kW，目前正在进行河段规划工作。中游河段拟订七级开发，总装机约 1 150 万 kW，目前两河口、杨房沟两个梯级正在建设，其余项目正在开展前期勘测设计工作。下游河段分五级开发，总装机 1 470 万 kW，已全部投产发电。

根据公司制定的雅砻江流域水能资源开发四阶段战略，2000 年以前，开发建设二滩水电站，实现投运装机规模 330 万 kW；2015 年以前，建设锦屏水电站、官地水电站、桐子林水电站，全面完成雅砻江下游梯级水电开发，公司拥有的发电能力提升至 1 470 万 kW；2025 年以前，建设包括两河口水电站在内的 3～4 个雅砻江中游主要梯级电站，公司拥有的发电能力达到 2 300 万 kW 以上；2030 年以前，全流域项目开发填平补齐，雅砻江流域开发全面完成，公司拥有发电能力达到 3 000 万 kW 左右。公司二阶段战略目标已经完成。

3 雅砻江水电开发中的环境保护理念与实践

雅砻江流域河谷地区人烟稀少，陆生植被以干旱河谷灌丛为主，鱼类区系成分较单一，鱼类资源相对贫乏，无国家级保护植物及鱼类分布，生态环境敏感程度不高。独特的自然与生态环境为最大限度降低流域开发对环境的负面影响创造了条件，也为在水电开发中通过流域环境治理提高雅砻江的环境质量、促进流域的经济发展和社会进步创造了条件和机遇。

3.1 雅砻江流域水电开发中的环保理念

在加快推进雅砻江流域水电开发的过程中，雅砻江流域水电开发有限公司充分发挥

“一个主体开发一条江”的优势，始终不渝地秉承“流域统筹，和谐发展”的环保理念，坚持开发与保护并重、企业效益与社会责任并重，使工程与环境相容相促，使人与自然同韵同律，努力创建开发效益更显著、生态保护更完整、人文环境更和谐的雅砻江流域水电开发模式。

3.2 流域性环境保护规划与回顾性评价

为保护雅砻江独特的生态、社会环境，在雅砻江中游水电开发序幕揭启之前，便开展了流域性的环境保护规划工作，对雅砻江中游水电开发可能引发的环境影响进行了全面、系统评价，从流域开发的角度对环境保护措施进行了统筹规划，避免了单项目环境保护的分割性和间断性，为在雅砻江开发实现流域性的环境保护与水电开发的和谐与发展奠定了基础。

随后，在雅砻江中游水电开发规划环评的基础上，为了切实了解雅砻江已建、在建电站实际发生的环境影响及已实施环保措施的实际效果，进一步深化、优化雅砻江中游水电开发的环境保护措施，雅砻江水电开发有限责任公司委托专业单位对雅砻江中下游水电开发环境影响与保护措施效果进行了回顾性评价研究。该研究成果为雅砻江中游水电开发环境保护工作的进一步提升提供了很好的技术支撑。

3.3 雅砻江水电开发的环保解决方案

3.3.1 做好水生生态保护工作

（1）结合高坝大库建设，积极开展分层取水工作，保护鱼类资源

雅砻江下游龙头水库锦屏一级水电站坝高 305 m，正常蓄水位以下库容 77.6 亿 m^3，具年调节能力，上游水位变幅 80 m；雅砻江中游龙头水库两河口水电站坝高 295 m，正常蓄水位以下库容 101.54 亿 m^3，具多年调节能力，水位变幅 80 m。上述两个水库水温均呈现明显分层现象，需采取分层取水措施。经过专题研究与反复比选，最终选取经济合理、技术可靠、运行方便的叠梁门方式进行分层取水，以便春季鱼类产卵季节能够取到水库上层暖水，利于鱼类繁殖生存。并在国内率先开展了分层取水水温模型试验，验证了分层取水的水温效果。

（2）减水河段下泄生态流量，留续鱼类生存空间

雅砻江下游锦屏二级水电站总装机容量 4 800 MW，是目前我国规模最大的引水式电站。电站引水形成长约 119 km 的减水河段。河道减水后使区间流量减少，水面面积缩减，水深变浅，水生生物特别是鱼类的生存空间受到影响，电站运行期需下泄一定的环境生态流量。

为科学确定锦屏二级减水河段生态流量，公司委托设计院与研究单位在国内首次采用生态水力学法，在减水河段设置 119 个测量断面，通过大量的基础测量、鱼类生物学特性研究、水力学模型计算等工作，科学确定了 45 m^3/s 的最小流量。该方法对比现通常执行的百分比法，其科学性、准确性与适用性均大大提高。而一条最小流量 45 m^3/s 的河流，已经相当于西南山区一条中等规模的河流，其对于鱼类保护的意义不言而喻。45 m^3/s 的最小生态流量，同时也意味着锦屏二级水电站以每年减少约 14 亿 kW·h 的电量、以 4 亿元的售电收入换取了 119 km 鱼类的生存空间。

（3）水电站联合建设鱼类增殖放流站，加强鱼类资源保护

雅砻江中、下游共规划 12 个水电梯级，拟采取多站联建方式，共配套设置 4 个鱼类增殖放流站，分别为：两河口水电站、牙根一级水电站、牙根二级水电站鱼类增殖放流站；楞古水电站、孟底沟水电站、杨房沟水电站、卡拉水电站鱼类增殖放流站；锦屏一级水电站、锦屏二级水电站、官地水电站鱼类增殖放流站；桐子林水电站、二滩水电站鱼类增殖放流站。其中锦屏、官地及桐子林、二滩鱼类增殖放流站已建成，其余两个增殖站正在建设。锦屏官地增殖站是全国水电行业中规模最大、工艺最先进的鱼类增殖站之一，设计全年放流苗种 150 万～200 万尾，工程投资 1.5 亿元，于 2011 年建成投运，是雅砻江中下游鱼类保护中心站与水生生物保护科研基地。目前，该鱼类增殖站由公司自主运行，2016 年放流数量 168 万尾，已达到设计放流规模，并在短须裂腹鱼、细鳞裂腹鱼、长丝裂腹鱼、鲈鲤等特有鱼类人工增殖技术上取得突破，目前正在申请发明专利。

3.3.2 做好绿化与植被恢复，保护陆生生态

雅砻江河谷为西南干热河谷地区，蒸发量大于降水量，水分缺乏，植被生长困难，绿化工作难度大。为做好陆生植被的恢复工作，在各水电站工程建设初期，公司便开展了绿化专题研究，并邀请多家绿化单位对石方边坡、土石结合边坡、土方边坡等不同类型的开挖边坡采用不同绿化技术进行生态恢复试验，为整个工程的生态恢复提供技术支撑。同时在坚持“开挖到哪里，绿化到哪里”“弃渣到哪里，防护到哪里”的恢复、防护原则，及时绿化开挖坡面，防护工程弃渣。

同时，公司对锦屏一级水电站、锦屏二级水电站、官地水电站、桐子林水电站整个项目区的陆生生态恢复进行了总体规划，规划实施后的工程区，陆生生态多样性与生态环境质量都会较工程建设前有大幅度的提升。

3.3.3 做好在建项目施工期环保管理

雅砻江流域各水电工程在工程筹建期及建设期，便成立环保水保中心，开展环保和水保监理，严格按照环境影响报告书及其批复意见落实各项环保措施，并积极创新，优化设

计，从源头减少对环境的不利影响。

（1）提高桥隧比例，减少地表破坏

雅砻江流域各水电工程施工区地形、地质条件差、自然环境条件恶劣、施工布置、施工组织极为困难。在悬崖峭壁地区进行道路明线建设，将不可避免造成沿线大面积的裸露高陡边坡，造成大面积严重水土流失和沿线生态环境破坏。为尽量减少对区域生态环境的影响，场内公路设计方案优先选用洞线，虽然投资较明显增加，但可减少场内道路的占地面积，并大大减少了对工程区地表的扰动和破坏，最大限度地控制植被损坏和地表扰动比率，起到了减少水土流失，保护生态的良好环境效益。如锦屏一级水电站场内公路总长 32 km，其中隧洞 36 条、隧道长 23 km、桥梁 6 座，桥隧比例超过道路总长度的 70%。

（2）合理规划，充分利用场地

雅砻江流域属高山峡谷地区，施工场地十分紧张，施工布置异常困难，通过合理规划，充分利用前期场平渣场，作为施工场地，可减少土地资源占用，避免开挖、平整土地造成的地表扰动与植被破坏。如锦屏水电工程利用前期楠木沟渣场建设生活营地，利用印把子、模萨沟、三滩渣场上建设砂石系统等施工设施，在节约土地资源的同时，减少了对地表的扰动破坏，且方便石渣回采利用，水土流失得到有效控制。

（3）提前实施大江截流，彻底解决坝肩开挖的弃渣问题

工程所在雅砻江河谷地区山高坡陡，地形狭窄、险峻，两岸边坡开挖形成的大量弃渣防护难度大、费用高，难以完全避免弃渣下河产生水土流失。每年汛期前，均需花费大量人力、物力对入江弃渣进行清理。为彻底解决坝肩开挖的弃渣下江问题，锦屏一级水电站截流较原计划的截流工期提前约两年，两岸大量开挖弃渣直接进入基坑后再集中清运至渣场，使高陡坝肩的弃渣问题得到了有效解决。

（4）污废水深度处理，尽可能回用

为保护水环境质量，减少污染物排放，雅砻江流域各项目水污染处理工程以处理后水回收利用为优先选择方案。如在生活污水处理方面，锦屏水电工程 4 个生活营地共建设了 10 个生活污水处理地埋式处理站，并将经过深度处理的污水回用于绿化、降尘、洗车等。沙石骨料加工、混凝土生产废水处理中，锦屏水电工程采用了石粉回收、废水三级沉淀、板框压滤或真空吸滤等泥浆干化系统处理措施，使生产废水经处理后回用于生产用水，既减少了系统江边抽水费用，又减少了固体悬浮物（SS）排放量，提高了水资源利用效率。

3.4 推进科技创新，提高环保解决能力

环保工作，止于至善。为进一步提高雅砻江环境保护工作水平，在雅砻江开发过程中，根据已建工程的实际经验，不断加强运行期环境管理制度研究，逐步建立健全流域梯级运行期水环境保护、水生生物保护和库区移民环境保护工作管理、运行机制；加强国际交流，

引进国外流域管理经验和保护先进技术，提高解决环境问题的能力。2003 年，公司与清华大学等著名高校确立了长期科研合作关系；2004 年，经国家人事部批准，公司博士后工作站正式挂牌成立；2005 年，公司与国家自然科学基金委员会共同设立了雅砻江水电开发研究基金，对雅砻江开发中包括环境保护与管理在内的一系列重大科研课题进行创造性的研究工作，其中环保课题包括雅砻江梯级水电开发生态环境效益和影响定量评价与调控机制研究、二滩水库的生态影响研究、雅砻江流域开发对鱼类的影响研究以及大型水库的水温影响研究等。这些研究将为做好环境管理工作提供强大的技术支撑。

3.5 二滩水电站环保良性案例

二滩水电站是雅砻江建成投运的第一个电站，装机规模 330 万 kW，于 1991 年 9 月开工，1998 年 7 月第一台机组发电，2000 年完工，是中国在 20 世纪建成投产最大的电站。2006 年二滩水电站获得环境保护部颁发的“环境友好工程”奖。

二滩水电站开发建设过程中，按照“三同时”原则，全面、及时地实施了多项环保措施。为保证措施效果，特别聘请了世行环保特别咨询团、环境监督评估小组，为工程的环保工作提供专业咨询，使项目起点高、质量好、进度快。

（1）库周防护林营造

雅砻江河谷属干热河谷气候，降雨量少、蒸发量大，植树难度大。为解决营林的技术问题，二滩公司在盐边县、米易县和西昌市分 16 个地点共成功营造示范林 240.3 hm^2。库周防护示范林的成功实施，解决了库周各县营林的技术难题，有效推广、促进了地方的植树造林工作。1998—2000 年，地方已在雅砻江河谷成功营林约 1 000 hm^2。

（2）鱼类资源恢复

受二滩大坝阻隔和水库流态及水环境改变的影响，库区鱼类资源和种群发生了一定改变。

2002 年 10 月，公司向库区投放裂腹鱼类、中华倒刺鲃、白甲鱼、大口鲶、花鲢、白鲢、鲤鱼、鲫鱼等各种规格鱼种 420 万尾，库区鱼类资源的恢复取得良好的效果。

2016 年，桐子林二滩鱼类增殖站建成投运，在电站整个运行期间，将长期持续增殖放流，以恢复鱼类资源。

（3）电站生产、生活区环境保护

二滩水电站办公、生活污水经污水处理厂处理达标后就近排放，生活垃圾每日清晨运至盐边县城垃圾填埋场填埋。

电站生产区植被覆盖率高达 50%，生活区植被覆盖率高达 80%。大气环境与声环境质量良好，迄今未发生一例污染事故。

（4）渣场防护

二滩水电站共设置3个主要渣场，即金龙山、三滩大沟与阿布郎当沟渣场，均依照水土保持要求，及时采取了挡护、排水、削坡、绿化等防护与植被恢复措施，多年均安全运行。

（5）施工迹地景观恢复与生态建设

坝区工区与Ⅰ、Ⅱ标中方人员营地已拆除原有设施，平整土地，并纳入坝区绿化工程，进行了全面绿化。小得石工区、桐子林工区在工程完建后，其设施交由地方政府利用、管理。外国承包商营地与方家沟营地在工程完建后，分别作为二滩水库旅游区的游览、接待营地与二滩电厂生活、生产用地，归由二滩旅游公司与二滩电厂负责后期管理工作。

此外，二滩水电站建设期间，还分别采取了废水、废气及噪声污染防治，血吸虫病防治，文物古迹保护，水库清理，施工区人群健康保护，环境卫生管理，下游预警系统设置等多项措施，均收到了良好效果。

4 雅砻江水电开发环境效益

4.1 发电减排效益

雅砻江干流技术可开发容量约3 000万kW，年发电量约1 500亿kW·h，同时由于梯级补偿效益还将增加下游长江干流上梯级电站年电量约150亿kW·h。1 650亿kW·h的电量相当于每年约减少5 000万t标准煤的燃烧，可减少二氧化碳排放量约1.2亿t，减少二氧化硫排放量约100万t，对于改善能源结构，节能减排，促进低碳经济的发展，有显著效益。

目前，雅砻江上自1998年二滩水电站及2012—2015年锦屏水电站、官地水电站前后投产发电以来，截至2016年10月底（2016年10月31日），累计发电约600亿kW·h，相当于节约1 818万t标准煤，减排二氧化碳气体约4 300万t。

4.2 替代非再生能源，支持可持续发展

据统计，我国能源消费量仅次于美国，居世界第二位，约占世界消费总量的11%，能源消费增长量超过全球一次性能源消费增长量的50%。中国能否改变能耗过度依赖化石燃料（尤其是煤炭）的局面，逐步增大可再生能源的比重，对实现经济可持续发展具有重要作用。我国水力资源蕴藏量居世界第一位，积极发展水电是缓解能源压力的必然选择。雅砻江是水能资源的富矿，其干流水能蕴藏量占四川省全省的24%，约占全国的5%。以雅砻江流域水电站运行寿命100年计，可替代约50亿t标准煤，对改善我国能源结构，充分利用可再生资源，减少非再生的矿物资源消耗，具有积极且重要的效益和作用。

4.3 生态环境改善

雅砻江流域所在西南山区，多属干热或干旱河谷地带，年蒸发量大于年降水量，植物生长所需水分缺乏，植被特别是森林覆盖率较低，生态环境质量不高。雅砻江流域全面开发完成后，梯级水库的形成，大大增大了水域面积，对于增加河谷地区湿度，改善水分条件，促进植被生长与正向演替具有明显而且积极的作用。以建成的二滩水库为例，水库形成前，周边地区河谷植被以稀树灌草丛为主，植被覆盖率低，营林困难；水库建成后气候条件，特别是降雨量与湿度的增加，为河谷植被的生长提供了有利的条件。对比建库前，库区植被日益丰茂，植被覆盖率较建库前大幅增加，生态环境得到明显改善。

4.4 改善基础设施，创造就业机会，改善贫困地区人民生活条件

我国水能资源集中的西部地区，社会经济发展落后，交通、通信等社会基础配套设施严重缺乏。以雅砻江流域为例，中上游河谷地区山高坡陡，人迹罕至，多个坝址的交通最初只能以“马帮”①为唯一的交通工具。而流域水电的开发带来了巨额资金的投入，彻底改善全流域现有交通、通信条件，消除发展的瓶颈，打通发展的道路。雅砻江流域中下游在建与已建电站，已先后投入 60 余亿元，建设等级公路近 200 km，对改变当地落后的交通、通信条件发挥了积极的作用。

梯级电站建设所需大量劳动力多数来自当地，将直接拉动当地农民的就业。根据有关资料统计，每万千瓦水电装机需要人工 10 万工日，雅砻江 3 000 多万 kW 装机的建设需要人工约 6 亿工日，若一年按照 260 天劳动日计算，相当于提供了 115 万个就业机会，平均每年可安排 7 万人就业。同时围绕电站建设，周边第三产业也将大大发展，创造更多的就业机会，为当地居民脱贫致富提供了良好条件。

5 结论与建议

水电是清洁、可再生能源，应当得到更为充分、有效和环境友好的利用。为促进行业的持久、健康开发，水电开发应统筹兼顾，多方举措，立足长远。

雅砻江流域水电开发中，高度重视能源与环境的和谐发展，充分利用“一个主体开发一条江”的流域统筹优势，全面、系统地开展环境保护研究，统筹规划、实施环境保护措施，取得了较好的环境效益。雅砻江后续电站开发中，将持续遵循“流域统筹，和谐发展”的开发理念，充分借鉴已开发项目的环保经验，进一步研究、提高环境保护技术水平，取

① 马帮：西南地区特有的一种运输手段，是按民间约定俗成的方式组织起来的一群赶马人或骡马队。

得更好的环境效益。

参考文献

[1] 吴世勇，王红梅，黄新生. 二滩水电站对局地环境的影响及效益[J]. 四川水力发电，2005（增刊）：85-87.

[2] 吴世勇，王红梅. 开发与保护并重，创建和谐的水电开发模式[J]. 四川水力发电，2005，24（5）：86-90.

[3] 刘建明，马光文，吴世勇. 锦屏一级水电站对四川经济的拉动作用[J]. 水利水电科技进展，2006，26（4）：37-40.

滇中引水工程对金沙江虎跳石景观影响研究

汪青辽[1] 侯永平[1] 张 荣[1] 马 巍[2]

（1. 中国电建集团昆明勘测设计研究院有限公司，昆明 650051；

2. 中国水利水电科学研究院，北京 100038）

摘 要： 滇中引水工程从丽江石鼓镇上游约 1.5 km 的金沙江右岸大同村附近引水，最大引水流量 135 m^3/s。为研究滇中引水工程取水对金沙江下游约 47.8 km 的虎跳峡重要旅游景点虎跳石的景观影响，采用 2015 年对虎跳石全年每周连续拍摄的照片，分析虎跳石出现的不同景观特征及其水位，同时结合逐日水文资料提出虎跳石不同特征水位或特征景观下对应的流量量级范围。据此，分析长系列逐日的引水前、后各特征景观出现的天数及频率变化情况。研究表明：滇中引水工程引水后，并未改变引水前虎跳石出现的特征景观类别数量，引水仅改变了特征景观出现的时间和频率。

关键词： 滇中引水工程；虎跳峡；景观影响；虎跳石；景观特征；景观流量；流量量级

1 前言

金沙江虎跳石是丽江玉龙雪山国家级风景名胜区的重要景点，也是金沙江虎跳峡游览线中知名度较高和具有代表性的景点。虎跳石景观主要体现在狂涛怒卷、惊涛拍石的磅礴气势上，而水量是其中最重要因素。因此，分析滇中引水工程取水导致下游河道流量减少对虎跳石的景观影响就显得尤为重要。

近年来，河流的生态功能和水质污染问题逐步被认识和重视。国内外针对河道需水量研究主要集中在生态需水和环境需水两方面，分别是从维持河流生态系统基本稳定角度和保护改善河流水质、水沙平衡、水盐平衡角度提出的[1]。相对而言，由于景观具有主观性和诸多不确定性，一直以来缺乏科学系统的景观需水量计算方法，在实践中也不被重视[2]。因此，针对河道景观需水量的研究文献则较少。蒋红、何涛等研发了一种适用于山区河流的流水景观需水量计算方法，对表征景观质量的水力学指标评价进行分级取值，通过绘制流量——景观质量降幅关系曲线建立河流景观质量评价模型，根据景观需水控制标准求出推荐的河流景观流量[2]。栾丽等采用模糊层次分析法建立了河流景观需水量的评价指标体系[3]。喻泽斌等通过选取关键断面水位与上游或下游周边景观的关系，根据计算断面的水位流量关系曲线计算河流景观需水量[4]。由于虎跳石水流形态复杂多变，很难加以模型预测水力学指标变化来推求景观需水量，因此，本文以流量变化导致的景观差异进行虎跳石景观变化评价。

2 工程及虎跳石概况

2.1 滇中引水工程概况

滇中引水工程从云南省丽江市石鼓镇金沙江中游干流河段右岸无坝取水，向昆明、丽江、玉溪、大理、红河及楚雄 6 个市（州）35 个县（市、区）供水，规划水平年年引水量 34.03 亿 m^3。工程开发任务为解决滇中地区的城镇生活、工业、农业和生态用水。主体工程由水源工程和水源工程组成，是从金沙江石鼓河段大同取水口引水，采用一级地下泵站提水，设计引水流量 135 m^3/s。输水线路总长 661.06 km，包括隧洞、渡槽、倒虹吸、暗涵、分水闸等 270 座输水和控制建筑物。水利部批复的可研项目总投资 881.0 亿元。

2.2 虎跳石形状特征

虎跳石所在河段基本属于虎跳峡最窄一段，峡宽 42 m，江心有一个 13 m 高巨石即为虎跳石，相传猛虎曾借此石跃过大峡谷，江水与巨石相搏发出山轰谷鸣的涛声。虎跳石形状如图 1 所示，虎跳石所在河道特征如图 2 所示。

图 1　虎跳石形状特征

图 2　虎跳石及其所在河道特征

虎跳石宽度占河道断面宽度的一半左右。石头形状近似为立体三角柱状体，上游横断面和下游横断面均呈三角形状，棱边与河道平行。石体上游侧高度低于下游侧，相差约为4.5 m。

虎跳石上、下河段为高山峡谷，在上游同等来流量条件下，虎跳石断面水深较上游深，且虎跳石所占该河段断面体积大，有较强的壅水效应。因此，即使在最枯条件下，虎跳石水景观因峡谷收窄和石头的壅水效应依然存在。

3 虎跳石景观特征及景观流量量级确定

针对虎跳石水流形态复杂多变很难采用水力学指标变化来表征景观变化的情况，本文以流量变化进行虎跳石景观变化评价。

采用 2015 年全年对虎跳石拍摄的系列照片，分析虎跳石出现的不同景观特征以及景观特征水位，同时结合虎跳石断面 2015 年全年逐日流量，得出虎跳石不同特征水位或特征景观下对应的流量量级范围。

3.1 不同景观特征选取

根据上文对虎跳石形状及虎跳石水流特征的分析结果，水流首先从虎跳石两侧凹槽流过，然后逐渐淹没虎跳石上游面，再慢慢淹没虎跳石顶部棱体，最后全部淹没虎跳石。在流量不断增加情况下，根据拍摄照片分选出虎跳石景观出现分界的 4 种特征景观及对应流量如图 3 至图 6 所示。

图 3 流量 650 m^3/s（虎跳石基本全部露出）

图 4 流量 1 070 m^3/s（虎跳石上游面被淹没）

图 5　流量 1 700 m³/s（虎跳石整体被淹没一半）

图 6　流量 2 500 m³/s（虎跳石全部淹没）

3.2　不同景观特征对应流量量级的确定

结合上述分析，在流量不断增加情况下，虎跳石出现的各特征景观及对应景观流量级见表 1。

表 1　虎跳石特征景观及对应的流量级范围

景观类别	流量对应的景观水位特征	景观特征	对应流量范围/（m³/s）
景观 1	虎跳石基本全部露出	此时流量较小，水质清澈，流速小，虎跳石大部分露出，主要体现虎跳石和水流流速小景观	≤650
景观 2	虎跳石上游面开始至全部淹没	虎跳石上游面开始壅高至上游面全部淹没的过程，此时水质开始变混，水流流速加快，撞击石头产生浪花增多，气势加大	650～1 070
景观 3	虎跳石上游面全部淹没至整体淹没一半	此时虎跳石上游面全部淹没，水质浑浊，浪花和气雾较多	1070～1 700
景观 4	虎跳石整体淹没一半及以上	基本处于汛期，此时虎跳石整体被淹没一半，水质更加浑浊，石头和水流各分秋色，气势壮观	1 700～2 500
景观 5	虎跳石全部淹没	虎跳石上游面全部淹没，石头和水流基本混为一体	≥2 500

由表 1 可见，在流量不大于 650 m³/s，水流全部从两侧凹槽流过，此时虎跳石基本全部露出；当流量大于 650 m³/s，水流开始在虎跳石上游壅高；当流量到达 1 070 m³/s 水流全部淹没虎跳石上游面；随流量增加，水流慢慢淹没石头身，当流量到达 1 700 m³/s 虎跳石整体被淹没一半，流量到达 2 500 m³/s 时整个虎跳石全部被淹没。

4 引水前后虎跳石景观变化影响

根据不同特征景观及对应流量量级，分析滇中引水前后的长系列逐日虎跳石各景观特征流量量级的分布时段及频率变化情况。

4.1 枯水期各月引水前后的流量量级变化

由于工程 3 月检修不引水，故只分析枯水期 1 月、2 月和 4 月的引水前后流量量级见表 2。

表 2 引水前后虎跳石断面流量量级情况 单位：m^3/s

枯水期	阶段	最小值	最大值	包含的特征流量量级
1 月	引水前	314	612	≤650
	引水后	314	510	
2 月	引水前	306	544	≤650
	引水后	306	429	
4 月	引水前	350	1 312	≤650、650～1 070、1 070～1 700
	引水后	350	1 176	

从表 2 可以看出，枯水期 1 月、2 月和 4 月，虽然引水前后最大流量和最小流量值有所变化，但各月包含的景观流量级数均相同，即引水前后 1 月、2 月均为一个量级，4 月均为 3 个量级。

由于 1 月和 2 月引水前后流量范围不变，引水前后虎跳石景观均处于“基本全部露出”的景观特征，故 1 月和 2 月引水不改变虎跳峡引水前原有的景观特征。故仅对枯期 4 月引水导致的景观变化影响进行分析。

4.2 枯水期 4 月引水前后特征景观出现时间及频率变化

按前述流量分级，经分析得出引水前后虎跳石断面长在系列 52 年中 4 月的不同特征景观出现的时间及频率，统计结果分别见表 3 和图 7。

表 3 枯期 4 月虎跳石不同特征景观出现的时间及频率

景观特征	特征流量量级/ (m^3/s)	出现天数/d			长系列出现天数占 4 月总天数百分比/%		
		引水前	引水后	天数变化	引水前比例	引水后比例	变化率
虎跳石基本全部露出	≤650	1 136	1 374	238	75.7	91.6	15.9
虎跳石上游面开始至全部淹没	650～1 070	358	125	−233	23.9	8.3	−15.6
虎跳石上游面全部淹没至整体淹没一半	1 070～1 700	6	1	−5	0.40	0.07	−0.33
合计		1 500	1 500	0	100.0	100.0	0

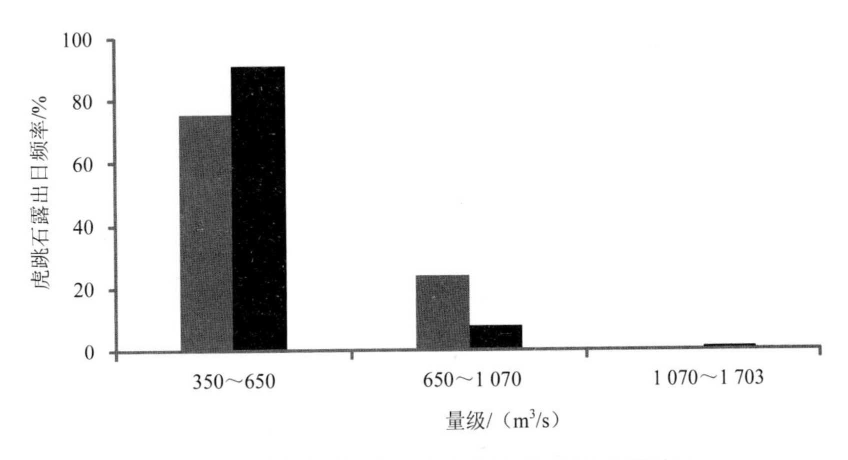

图 7 虎跳石断面 4 月引水前后长系列逐日流量统计

由表 3 和图 7 可见，按逐日统计，虎跳石断面 4 月处于≤650 m^3/s 量级范围内的流量，即出现“虎跳石基本全部露出”的频率由引水前的 75.7%变至引水后的 91.6%；处于 650～1 070 m^3/s 量级的流量，即出现“虎跳石上游面开始至全部淹没”的频率由引水前的 23.9%变至引水后的 8.3%；处于 1 070～1 700 m^3/s 量级的流量，即出现“虎跳石上游面全部淹没至整体淹没一半”的频率由引水前的 0.40%变至引水后的 0.07%。故 4 月引水只是改变了这 3 种特征景观出现的频率。

4.3 全年虎跳石被淹没的时间及频率变化

采用上述方法，分析虎跳石全年被淹没的时间及频率变化情况见表 4。

表 4　引水前后虎跳石被全部淹没的时间变化

特征情景	流量量级/（m^3/s）	时段	引水前		引水后	
			天数/d	占长系列天比例/%	天数/d	占长系列天比例/%
虎跳石全部淹没	≥2 500	长系列全年	3 133	17.2	2 849	15.6

由表 4 可见，长系列逐日虎跳石出现全部淹没的总天数由引水前 3 133 d 降至引水后 2 849 d，占长系列 52 年总天数 18 263 d 的比例由 17.2%降至 15.6%，虎跳石不被淹没的天数有所增加。

5　结语

本文采用 2015 年虎跳石全年每周连续照片，分析得出虎跳石呈现的 5 种不同景观特征，同时结合虎跳石逐日水文资料提出虎跳石不同特征景观下对应的流量量级范围。在此基础上，分析长系列年逐日的滇中引水前后各特征景观出现的天数及频率变化情况。研究表明：滇中引水工程引水后，并未改变引水前虎跳石出现的特征景观类别数量，引水仅改变了各类特征景观出现的时间和频率。同时虎跳峡景区主管部门玉龙雪山风景名胜区管理局已复函确认本文提出的虎跳石景观特征分类及其流量量级范围的结论可信。按现有滇中引水方案取水后，对虎跳石景观特征及观赏价值无较大影响。

建议在工程实际运行调度过程中，建立与下游虎跳峡景区的景观质量监控的联动机制，在工程取水影响下游景观旅游及景观质量时，及时发出预警并停止、减少引水或夜间引水，切实保障下游虎跳峡景区旅游景观资源的健康发展。

参考文献

[1] 王西琴，刘昌明，杨志峰. 河道最小环境需水量确定方法及其应用研究（Ⅰ）——理论[J]. 环境科学学报，2001，21（5）：544-547.

[2] 中国电建集团成都勘测设计研究院有限公司. 一种适用于山区河流的流水景观需水量计算方法[P]. 中国，CN105821797A.2016（2016-08-03）.

[3] 栾丽，杨玖贤，谭平，等. 基于模糊层次分析法的河流景观需水量评价指标体系的建立[J]. 水电站设计，2012，28（4）：80-83.

[4] 喻泽斌，龙腾锐，王敦球. 河流景观生态环境需水量计算方法研究[J]. 重庆建筑大学学报，2005，27（1）：71-75.

基于生态流量调控的岷江下游航电梯级协同造峰调度研究

陈栋为　陈　凡　赵再兴　夏　豪

（中国电建集团贵阳勘测设计研究院有限公司，贵阳 550081）

摘　要：岷江下游江段汛期生态流量需求主要为，生态用水为长江上游珍稀特有鱼类国家级自然保护区内的重点保护鱼类产卵、繁殖关键生命周期的洪峰流量过程需求。通过开展航电梯级汛期生态流量调控，针对汛期洪水来水过程，分为预泄、敞泄、回蓄 3 个阶段实施造峰调度，4 个梯级实现同步敞泄，保证洪峰顺利通过航电梯级，发挥洪水的生态功能。针对梯级回蓄过程采取专门的调度措施，延长回蓄时间，保证下泄过程与天然退水过程同比减少，退水过程与天然洪峰保持基本一致，避免造成下游减脱水过程，维持了下游流量在洪水退水过程的相对稳定，有效的保护下游水生生态系统。

关键词：生态流量；航电梯级；协同造峰

流量是河流生态系统的控制性因子，它不但影响河流的物理过程，包括河道内沉积物质的运动和周围环境景观的形成，而且还通过改变水生境条件影响河流中生物的生命过程，河流流量过程对维持河流生态系统健康具有非常重要的意义。

汛期生态流量与生态水文季节中的汛期相对应。洪水是自然界的正常现象，是一种自然力，它通过影响河流形态学、水文连通性、河流生境以及生物多样性等多个方面，影响河流生态系统的健康。洪水是河流生态系统的固有特征，如果洪水长期受到控制，河流、湿地、洪泛区之间将成为孤立的、脆弱的生态斑块，易受到干扰和破坏。因此，汛期生态流量调控为维持河流系统（包括湿地、湖泊）的整体性功能和动态平衡，满足河流需要的周期性的大流量水分需求具有重要意义[1-4]。

随着流域水电、航电及水利规划的实施，河流梯级开发强度的增大，流域的上、中、下的控制性梯级运行，使河流流量的时空分布发生巨大的变化，特别是蓄峰补枯的运行调度是对汛期流量、洪水等天然的水文情势影响显著，进而对水生生态系统的水文节律，对重要水生生物，尤其对鱼类的生命周期产生显著影响。河流生态流量调控是按照生态流量过程目标需求，通过改变河流梯级调度方式，调节下游生态流量过程，达到下游生境恢复的目的。本文以岷江下游航电梯级为例，聚焦岷江下游汛期生态流量的需求，以最下游梯级龙溪口航电枢纽工程的生态调度为核心，考虑梯级协同，在汛期实现岷江下游航电梯级协同造峰，满足汛期水生态系统的流量需求。

1 岷江下游航电梯级概况

1.1 航电梯级概况

岷江是长江上游的一级支流，位于四川盆地腹部区西部边缘，发源于四川与甘肃接壤的岷山南麓，干流自北向南流经茂县、汶川县至都江堰市，由都江堰分水为内、外二江，穿成都平原后在彭山汇合，继续南流，经青神县至乐山市乌尤寺右岸纳入大渡河、青衣江，转向东南流，经犍为、过宜宾，在宜宾城下汇入长江。干流全长 735 km，河口流量 2 830 m^3/s，流域地理位置如图 1 所示。

岷江下游航电梯级规划建设老木孔、东风岩、犍为和龙溪口 4 个梯级，目前犍为梯级已开工建设，龙溪口梯级即将开工建设，其余 2 个梯级尚处于规划阶段，下游各梯级基本情况见表 1。

龙溪口梯级位于四川省乐山市犍为县所属新民镇上游约 800 m 处的岷江江段，距上游大渡河与岷江汇合河口约 81 km，是岷江下游航电规划的第 4 个梯级，也是最后一个梯级。龙溪口坝址多年平均流量为 2 680 m^3/s，水库正常蓄水位 317 m，总装机容量 480 WM，多年平均发电量 20.20 亿 kW·h，闸址距离上游犍为梯级 31.8 km。龙溪口枢纽采用低坝渠化开发方式，开发任务是以航运为主，航电结合，兼顾防洪、供水、环保等综合利用，通过与上游梯级的生态联合调度，减缓上游梯级调峰下泄的不稳定流对长江上游珍稀特有鱼类国家级自然保护区的水文情势的影响。

表 1 岷江干流（乐山—宜宾段）航电规划报告主要经济技术指标

序号	枢纽名称	建设地点	正常蓄水位/m	流域面积/km^2	装机容量/万 kW	调节性能
1	老木孔	乐山	358	124 686	32	日调节
2	东风岩	五通桥	344	126 470	26	日调节
3	犍为	犍为县	335	126 862	36	日调节
4	龙溪口	犍为县	317	131 980	48	日调节

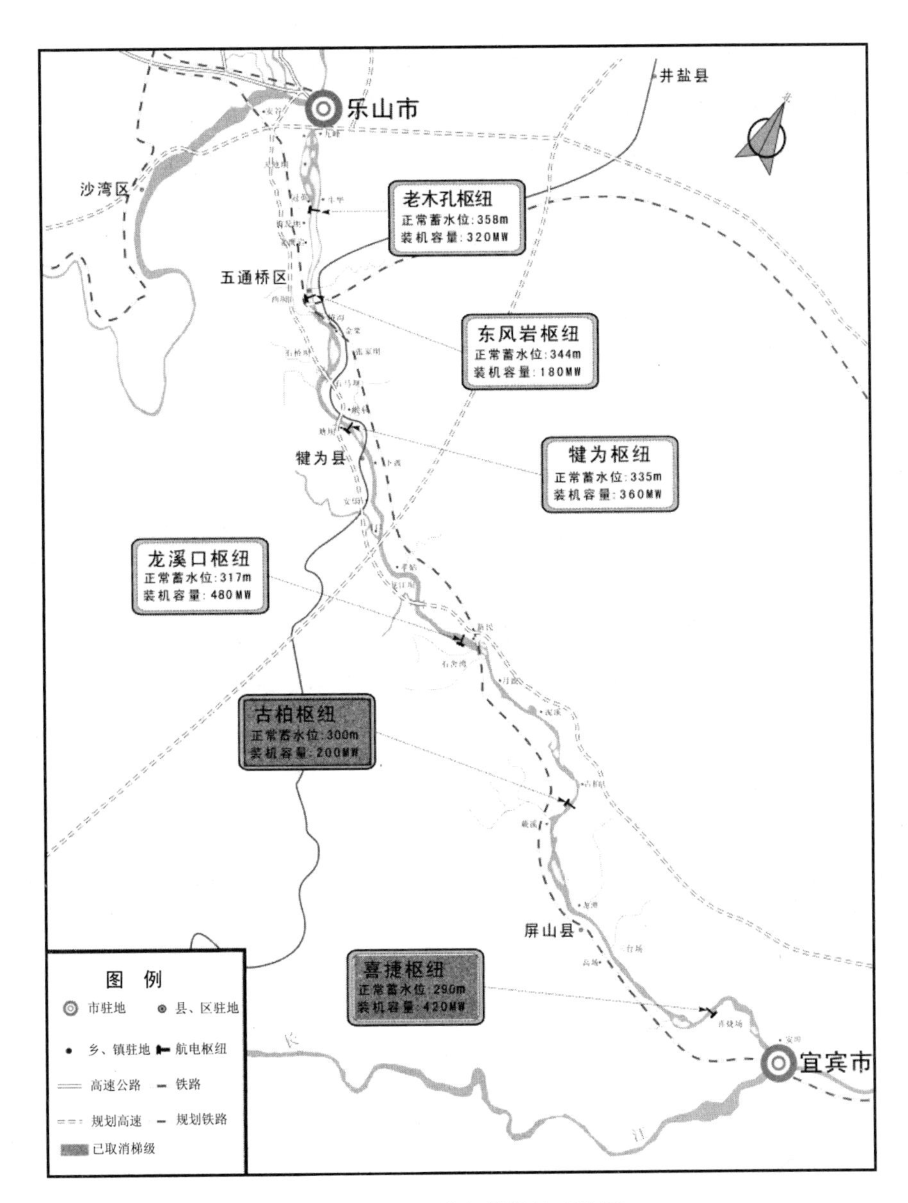

图 1　岷江下游各梯级地理位置

1.2　梯级调度原则

为综合满足岷江下游（乐山—宜宾段）航运、防洪、生态保护等多方面的需求，对岷江航电 4 个梯级联合调度原则为：

（1）根据上游来水量，老木孔、东风岩梯级均按自身拟订的调度方式运行，基本是来多少水泄多少水，以满足通航要求和保证自身安全运行为首要前提；

（2）在满足通航下泄基流的前提下，犍为梯级可进行 1～3 h 调峰运行，增加发电效益；

（3）上游梯级调峰运行，造成一日内来水量差别较大，通过龙溪口梯级 2 450 万 m^3 调节库容进行反调节，以保证下游河道水位变幅相邻时段不超过 1 m 的通航要求。

（4）各梯级在产漂流性卵鱼类产卵高峰期不调峰运行，早晚时段加大下泄流量，人工营造鱼类产卵所需的水文条件。各梯级在产黏沉性卵急流产卵类群鱼类产卵高峰期应稳定下泄流量，且不低于天然状况的多年平均流量。

2 汛期生态流量需求

2.1 用水对象

岷江下游航电梯级最后一级龙溪口枢纽闸坝下距长江上游珍稀特有鱼类国家级自然保护区实验区边界月波约 8 km，距缓冲区边界越溪河口约 47.2 km，距核心区边界约 81.3 km。岷江下游江段汛期主要生态用水为保护区内的重点保护鱼类产卵、繁殖关键生命周期的洪峰流量过程需求。江段产漂流型卵鱼类产卵季节在 3—8 月，多为 5—7 月，多数产黏沉性卵的鱼类产卵季节也在 3—9 月。

2.2 梯级建设后对下游流量的改变

在考虑研究河段以上各调节水库的联合作用下，计算最下游梯级龙溪口枢纽坝址丰（P=5%）、平（P=50%）、枯水年（P=95%）逐日流量过程，并与天然情况逐日流量过程进行对比，以枯水年为例，变化情况如图 2 所示。

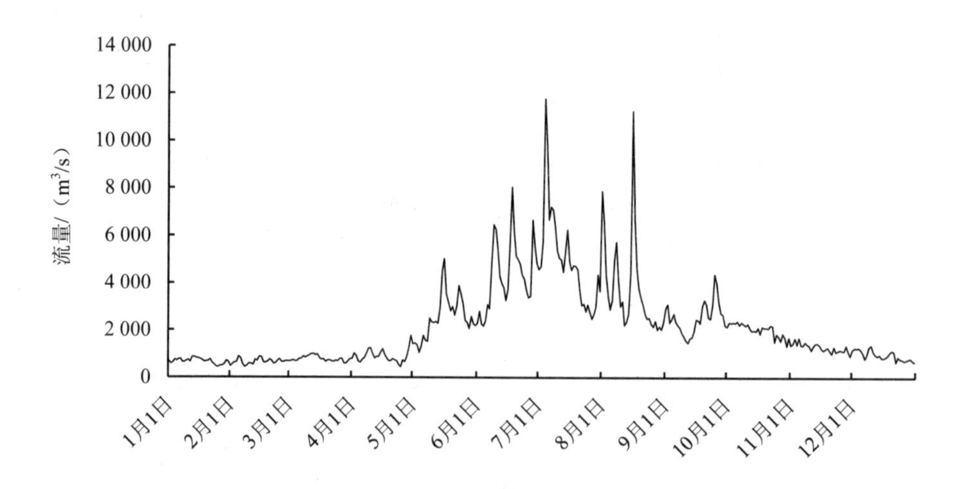

图 2 龙溪口枢纽枯水年逐日流量过程

从图 2 中可以看出，在上游调节水库的作用下，龙溪口闸址断面处枯水期（11 月至次年 4 月）的月平均流量较天然状态明显增加，约 500 m³/s；丰水期（5—10 月）的月平均流量较天然状态明显下降，约 600 m³/s。但除了流量上有所差异外，径流过程和规律基本是一致的。

2.3 流量过程目标

天然河流水文情势的年内变化规律，形成了流量、水位、涨落水率等水文要素的时序规律，为河流水生生态系统中各种生物的生命周期传递信号。如河流水文情势的节律性变化为鱼类产卵繁殖提供信号，鱼类的产卵繁殖活动与河流生态水文指标存在一定的响应关系。因此，下泄流量过程需求以天然状态下的水流变化规律为目标，满足修复鱼类栖息地、保护水生生态系统流量过程。

根据五通桥水文站 1939 年 5 月—2005 年 4 月径流系列统计，选择丰水年、平水年、枯水年各典型年的鱼类繁殖期（3—9 月）流量过程如图 3 所示，考虑岷江下游梯级为径流式日调节梯级，梯级运行基本不改变来水逐日流量过程，因此，岷江下游梯级主要生态调度目标为在汛期 4 个梯级协同调度，针对洪水实施敞泄以满足鱼类繁殖期的洪峰需求。

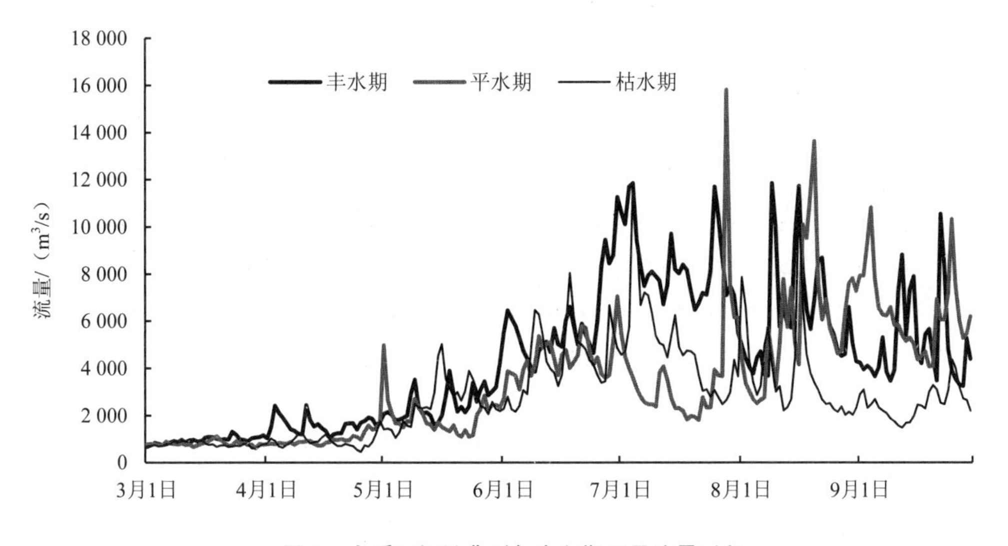

图 3 龙溪口坝址典型年产卵期逐日流量过程

3 敞泄造峰调度措施

3.1 敞泄措施

由于岷江下游梯级均为日调节，水库基本没有径流调节能力，影响不了洪峰，必须通过同步畅泄为产漂流性卵鱼类产卵、孵化提供适宜水生生境。

具体措施为在 7—8 月结合洪水预报，与上游梯级同步实施 1 次应急性敞泄调度，根据水情测报，提前 24 h 开闸，闸门全开，保持敞泄，敞泄时间与上游各枢纽同步，每次敞泄调度过程持续 5～7 d。产卵后，鱼卵要顺水漂流而下，为保证孵化流程不被阻断，洪峰过后推迟 48 h 关闸回蓄，各梯级根据洪峰传播过程，自上游枢纽至龙溪口枢纽依次关闸回蓄，回蓄流量约为上游来水流量的 10%～20%，按 80%～90%来水流量下泄，根据来水情况适当延长回蓄时间，保证回蓄期间下泄流量相对稳定，具体调度过程如下：

（1）基本维持死水位 316 m 运行。

（2）当入库流量小于等于最大通航流量 15 000 m^3/s（两年一遇洪水）时，维持在 316 m 运行，枢纽正常通航、发电。

（3）当入库流量大于 15 000 m^3/s 时，闸门逐步加大泄量降低水库水位直到敞泄状态，枢纽停止通航、发电；可根据水情测报，提前 24 h 开闸，闸门全开，保持敞泄；产卵后，鱼卵要顺水漂流而下，为保证孵化流程不被阻断，洪峰过后推迟 48 h 关闸。

（4）当入库流量小于 15 000 m^3/s 处于退水段时，水库回蓄水位逐步达到 316 m。

3.2 回蓄措施及可靠性分析

（1）泄放措施

龙溪口枢纽运行后，在汛期执行泄洪冲沙、敞泄生态调度后将进行回蓄至运行死水位（316 m），回蓄开始时间在洪峰过后 48 h 回蓄，按照天然退水过程，洪峰过后 48～72 h，按照来水流量的 20%回蓄，洪峰过后 72 h 以后按照来水流量的 10%回蓄，根据来水情况，适当增长蓄水时段，进一步减缓蓄水时段对下游河段水文情势的不利影响。

以两年一遇的典型洪水为例，选取 1986 年闸址洪水过程，洪峰流量为 17 450 m^3/s，发生时间 1986 年 8 月 19 日 10:00，洪峰过后推迟 48 h 回蓄，回蓄措施方案见表 2。

表 2　两年一遇的典型洪水敞泄回蓄措施

回蓄时段	回蓄流量/（m^3/s）	下泄流量/（m^3/s）	回蓄时间/h	下泄措施
1986-08-21　10:00—1986-08-22　9:00	632～792	2 500～4 000	24	泄洪闸+发电机组控泄
1986-08-22　9:00—1986-08-22　9:00	242～315	2 200～2 100	94	泄洪闸+发电机组控泄

（2）实施可靠性分析

敞泄回蓄期间枢纽左岸布置的 24 孔泄洪闸和发电机组已经正常运行，其中泄洪闸单闸设计泄洪能力为 2 062 m^3/s，控制 2 闸即可满足下泄 2 100～4 000 m^3/s 流量要求。泄洪闸既能单独局部开启运行，又能组合运行，通过将部分闸门开启可以满足下泄各级流量的要求。在蓄水至发电死水位后可启用发电机组+泄洪闸下泄生态流量，龙溪口航电枢纽设 9 台发电机组，单机发电引用流量为 532.93 m³/s，9 台发电机组满发电即可满足下泄 4 000 m³/s 流量要求。根据来水过程和下泄流量目标，进行泄洪闸+发电机组控泄可以满足回蓄期间的生态流量下泄。

4 造峰调度效果

根据两年一遇的典型洪水频率，选取 1986 年闸址天然洪水过程为代表洪水，洪峰流量为 17 450 m³/s，洪峰发生时间 1986 年 8 月 19 日 10:00，洪峰过后推迟 48 h 回蓄，敞泄调度过程与天然洪峰过程对比如图 4 所示。

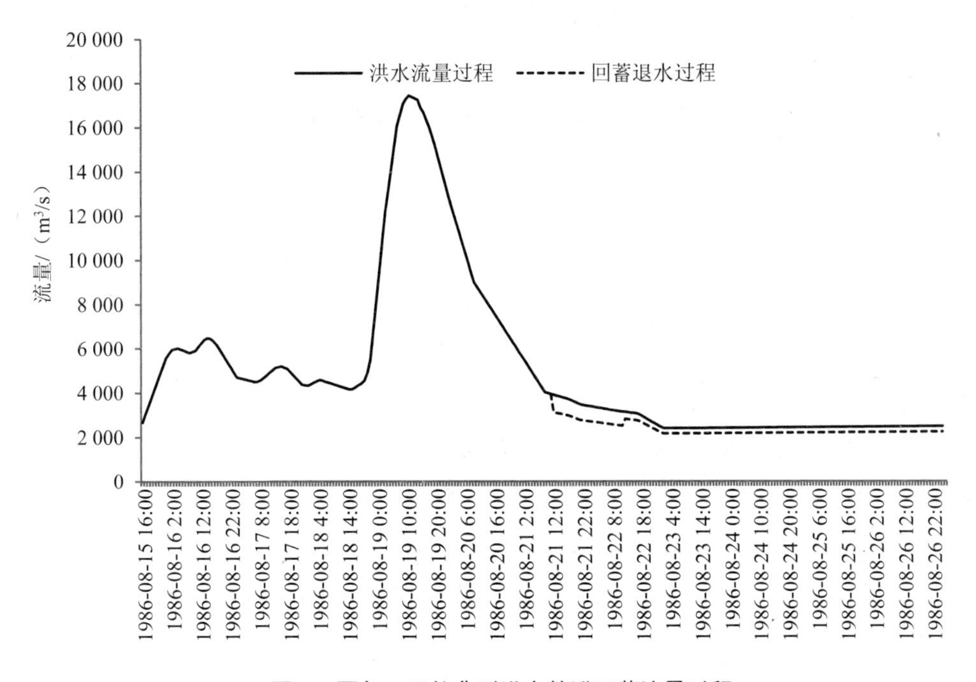

图 4　两年一遇的典型洪水敞泄回蓄流量过程

根据对两年一遇的典型洪水与敞泄调度的洪水过程，并重点分析回蓄期间过程，通过预泄、敞泄措施后，洪峰过程与天然洪水基本保持一致，在回蓄期，持续时间 118 h，保持了 2 000～4 000 m³/s 的流量下泄，且下泄过程与天然退水过程同比减少，退水过程基本一致，回蓄期间不会造成下游减脱水过程，维持了下游流量在洪水退水过程的相对稳定，有效的保护下游水生生态系统。

5 结论及建议

岷江下游江段汛期生态流量需求主要为生态用水为长江上游珍稀特有鱼类国家级自然保护区内的重点保护鱼类产卵、繁殖关键生命周期的洪峰流量过程需求。在航电梯级规划设计阶段重点针对汛期洪水实施敞泄造峰调度以满足鱼类繁殖期的洪峰需求。

（1）敞泄造峰调度针对汛期洪水来水过程，分为预泄、敞泄、回蓄 3 个阶段实施造峰调度，4 个梯级实现同步敞泄，保证洪峰顺利通过航电梯级，发挥洪水的生态功能。

（2）针对梯级回蓄过程采取专门的调度措施，延长回蓄时间，保证下泄过程与天然退水过程同比减少，退水过程与天然洪峰保持基本一致，避免造成下游减脱水过程，维持了下游流量在洪水退水过程的相对稳定，有效的保护下游水生生态系统。

（3）由于岷江下游 4 个航电梯级水库调节性能较弱，其敞泄造峰调度依赖于中、上游控制性梯级的下泄洪峰过程，为进一步提高敞泄造峰调度的生态保护效果，需要与中、上游梯级开展联合调度，确保洪峰的发生时间、流量过程满足鱼类繁殖关键生命周期的洪峰流量过程需求。

参考文献

[1] 王浩，王建华，秦大庸. 流域水资源合理配置的研究进展与发展方向[J]. 水科学进展，2004，15（1）：124-130.

[2] 董哲仁，孙东亚，赵进勇. 水库多目标生态调度[J]. 水利水电技术，2007，38（1）：28-32.

[3] 蔡其华. 充分考虑河流生态系统保护因素完善水库调度方式[J]. 中国水利，2006（2）：14-17.

[4] 翟丽妮，梅亚东，李娜. 水库生态与环境调度研究综述[J]. 人民长江，2003，8（8）：56-57.

[5] 梅亚东，杨娜，翟丽妮. 雅砻江下游梯级水库生态友好型优化调度[J]. 水科学进展，2009，20（5）：721-725.

[6] 胡和平，刘登峰，田富强，等. 基于生态流量过程线的水库生态调度方法研究[J]. 水科学进展，2008，19（3）：325-328.

[7] Schmidt J C，Roderic A P，Paul E G，et al. The 1996 controlledflood in Grand Canyon：flow，sediment transport and geomorphic change[J]. EcologicalApplications，2001，11（3）：657-671.

[8] Muth R T，CristLW，LaGoryK E. Flow and Temperature Recom mendations for Endangered Fishes in the Green River Downstream of Flaming Gorge Dam[R]. Colorado River Recovery Implementation Program Project，2002.

[9] Dauble D D，Hanrahan T P，GeistD R. Impacts of the Columbia River Hydroelectric System on Main-stem

Habitats of Fall Chinook Salmon[J]. North American Journal of Fisheries Management，2003，23（3）：641-659.

[10] Higgins J M，ASCE，Brock W G. Over review of reservoir release improvements at 20 TVA dams[J]. Journal of Energy Engineering，1999（4）：1-17.

[11] 石晓丹，焦涛. 大坝运行过程中泄水对坝下游生态系统的影响分析及控制[J]. 水利科技与经济，2007，13（5）：320-323.

[12] 徐天宝，彭静，李翀. 葛洲坝水利工程对长江中游生态水文特征的影响[J]. 江流域资源与环境，2007，16（1）：72-75.

[13] 王远坤，夏自强，王桂华. 水库调度的新阶段——生态调度[J]. 水文，2008，28（7）：6-9.

[14] 郭文献，夏自强，王远坤，等. 三峡水库生态调度目标研究[J]. 水科学进，2009，20（4）：556-562.

[15] Lovich J，MelisT S，et al. The State of the Colorado River ecosystem in Grand Canyon：lessons from 10 year of adaptive ecosystem management[J]. Intl. J. River Basin Management，2007，5（3）：207-221.

两种常用生态流量研究方法对比
——以瓦斯河为例

王宣入　李　雪　何月萍

（中国电建成都勘测设计研究院有限公司环保处，成都 610000）

摘　要：水电工程建设对河段减（脱）水区间及下游水文情势、生态供水、工农业用水、纳污、景观用水等将带来一定负面影响。由此引发的水电开发与生态流量之间的矛盾引起了社会的广泛关注。为对比两种应用较为广泛的生态流量计算方法（生态水力学法、R2-CROSS 法）对中小流域的适宜性，本文以瓦斯河为例，确定类似规模水电工程的生态基流，并结合实测水文情况对其效果进行对比分析。计算结果表明，生态水力学法适用于大河流的生态流量计算，但对中小河流适当降低标准后仍能保持良好的适用性，而 R2-CROSS 法虽适用于中小河流，但仅针对单个断面对整条河段进行评价有一定缺陷。

关键词：生态流量；生态水力学法；R2-CROSS 法

1　前言

水能是我国的重要能源资源，水利水电工程对国家经济建设和社会发展具有重大作用。从我国能源发展战略和水电资源的再生特性，以及水电在电源结构中承担的特殊作用看，水电在能源发展和电力建设规划中需有适当比例，开发建设合理规模水电是必要的。但水电工程建设也会产生一定的负面环境影响，如引水式和混合式电站引水发电、堤坝式电站调峰运行、各类电站初期蓄水等均可能造成坝下河段减（脱）水问题。河段减（脱）水后，对区间及下游水文情势、生态供水、工农业用水、纳污、景观用水等均将带来一定影响和冲击，由此引申出的水电开发与生态流量之间的矛盾已引起社会广泛关注。

根据对全球生态流量计算方法的统计，有记载的独立方法总数达 200 多种。这些方法可以大体分类为水文学方法、水力学方法、生物栖息地法和生态水力学法。

（1）水文学法：以历史监测数据为基础，采用固定流量百分数的形式给出流量推荐值，通过这些推荐值来表示维持河流不同生态环境功能的最小生态流量。其代表方法有 Tennant 法[1]、径流时段分析法、7Q10 法、基本流量法[2-4]。

（2）水力学法：通过计算不同流量状态下河道的水力参数，当参数满足某种标准或假设时的流量即为最小生态流量。其计算以确定河道几何形态为基础，需要野外实测和分析工作，包括了更为具体的河流信息，能更好地反映河流生态发展的本质需求。最常用的水力学法有湿周法[5]、R2-CROSS 法[6]。

（3）生态水力学法：由影响主要水力生境参数和影响主要水力形态参数两个基本模块组成。该方法由于考虑了水力生境参数的全河段变化情况，避免了因某一段减水河段参数偏低，而该段在整个减水河段中所占比重非常小，单凭最低值进行判断所造成的判断失误。因此，计算结果更具全面性。

（4）生境模拟法：根据指示物种所需的水力条件确定河流流量，适用于大中型河流内的水生生物生态流量的计算，但是不适用于无脊椎动物和植物物种的分析。该方法与其他方法存在结果较复杂、实施耗费的资源大等不足。

2 生态流量计算方法简介

本文选取工程上常用的生态水力学和 R2-CROSS 两种生态流量研究方法计算不同模拟工况下瓦斯河干流小天都水电站减水河段的水力参数，并通过对上述两种方法的计算结果与实测结果进行对比，分析这两种方法的适宜性。

2.1 生态水力学法

生态水力学法用于计算维持水生生态系统稳定所需水量，特别是在《水电水利建设项目生态用水、低温水和过鱼设施环境影响评价技术指南（试行）》（环评函〔2006〕4 号文）对生态水力学法的适用范围和计算方法进行了说明。

生态水力学法假设水深、流速、河宽、水面面积、湿周等是流量变化对物种数量和分布造成影响的主要水力生境参数；急流、缓流、浅滩和深潭是流量变化对物种变化造成影响的主要水力形态。计算模型分三大模块：

（1）河道水生生境模拟模块：该模块调查分析水生生物对水力生境参数和水力形态的基本生存要求。

（2）河道水力模拟模块：利用水力学模型对研究河段进行一维至三维水力模拟，计算不同流量时研究河段内各水力生境参数值的变化情况。同时，分析水生生境模拟和水力模拟模块，制定水力生境指标体系。

（3）河道水生生态基流量的决策模块：该模块由水文水资源、水利、环评、水生生态工作者依据水力生境指标体系，结合河道来水过程、当地社会经济发展状况及政策综合确定河流的水生生态基流量。

该法适用于有珍稀鱼类分布的大型河流的生态流量计算（注：本文中所提到的“大型河流”是一个相对于“中小型河流”的概念，泛指河宽在 30.5 m 以上的河道）。对中小河流，水力生境参数标准需适当降低（标准见表 1）。

表 1　生态水力学法的水力生境参数标准（大河流）[7]

<table>
<tr><th rowspan="2">生境参数指标</th><th colspan="2">标准</th></tr>
<tr><th>最低标准</th><th>累计河段长段的百分比</th></tr>
<tr><td>最大水深</td><td>鱼类体长的 2～3 倍</td><td>95%</td></tr>
<tr><td>平均水深</td><td>≥0.3 m</td><td>95%</td></tr>
<tr><td>平均速度</td><td>≥0.3 m/s</td><td>95%</td></tr>
<tr><td>水面宽度</td><td>≥30 m</td><td>95%</td></tr>
<tr><td>湿周率</td><td>≥50%</td><td>95%</td></tr>
<tr><td>过水断面面积</td><td>≥30 m²</td><td>95%</td></tr>
<tr><td>水域水面面积</td><td>≥70%</td><td></td></tr>
<tr><td>水温</td><td>适合鱼类生存、繁殖</td><td></td></tr>
<tr><td>生境形态指标</td><td>概念界定</td><td></td></tr>
<tr><td>急流</td><td>平均流速≥1 m/s</td><td rowspan="5">段数无较大变化，急流、较急流段累计河段长度减少＜20</td></tr>
<tr><td>较急流</td><td>平均流速 0.5～1 m/s</td></tr>
<tr><td>较缓流</td><td>平均流速 0.3～0.5 m/s</td></tr>
<tr><td>缓流</td><td>平均流速≤0.3 m/s</td></tr>
<tr><td>深潭</td><td>最大水深≥10 m</td></tr>
<tr><td>浅滩</td><td>河岸边坡≤10°，5 m 范围内水深小于 0.5 m</td><td>个数无较大变化</td></tr>
</table>

注：鱼类体长的取值以目标物种性成熟个体为准。

2.2　R2-CROSS 法

R2-CROSS 法采用河流宽度、平均水深、平均流速及湿周率指标来评估河流栖息地的保护水平，从而确定为保护水生生物栖息地的生态基流。表 2 为不同尺度河流的浅滩栖息地对应的水力参数。其中，湿周率指某一过水断面在某一流量时的湿周占多年平均流量满湿周的百分比。此法适用于河宽为 0.3～30.5 m 的非季节性中小河流。同时，为其他方法提供水力学依据。

表 2　R2-CROSS 单断面法确定生态流量的标准[7]

河宽/m	平均水深/m	湿周率/%	流速/（m/s）
0.3～6.3	0.06	50	0.30
6.3～12.3	0.06～0.12	50	0.30
12.3～18.3	0.12～0.18	50～60	0.30
18.3～30.5	0.18～0.30	≥70	0.30

3　瓦斯河流域概况

瓦斯河是大渡河上游右岸的一级支流，位于四川省甘孜州康定县境内。折多河、雅拉河为其南、北两源，北源雅拉河为主源，发源于海拔 4 800 m 的垭日阿措，河长 53.4 km，平均比降 43.5‰，流域面积 682.1 km^2；南源折多河发源于海拔 6 000 m 以上的贡嘎山东北的日乌且沟，河长 42.5 km，流域面积 667.6 km^2。南、北两源在康定县城汇合后始称瓦斯河。瓦斯河流经升航、大河沟、日地、二道水等地，于瓦斯乡注入大渡河，全流域面积 1 564 km^2。瓦斯河干流（康定—河口段）长 25.5 km，天然落差 1 102.5 m，平均比降 43.2‰，水能资源蕴藏量 47.58 万 kW。

瓦斯河流域主要分瓦斯河干流、雅拉河上游（牛窝沟汇口以上）、雅拉河下游（牛窝沟汇口—康定）、折多河共 4 段开发，瓦斯河流域共规划 18 级电站，目前已经建成 10 级。其中，瓦斯河干流从上至下建设了龙洞（在建）、金升、金海、金龙、华龙、小天都、冷竹关 7 个梯级；折多河从上至下建设了关门石、苗圃、驷马桥、军分区 4 个梯级电站；雅拉河暂未开发。

本文以小天都水电站减水河段为例，通过对小天都水电站减水河段进行生态流量下泄效果原型观测与研究，分析工程适宜的生态流量泄放值。小天都水电站引用流量为 77.7 m^3/s，闸址处多年平均流量 44.7 m^3/s，小天都水电站建成后，坝下形成约 0.7 km 的脱水河段，随着支沟水的补充，形成长 6.3 km 的减水河段。由于年内部分流量都被引用发电，与天然状态相比，流量减少状况依然较为明显，河道水文情势受工程运行的影响较大。

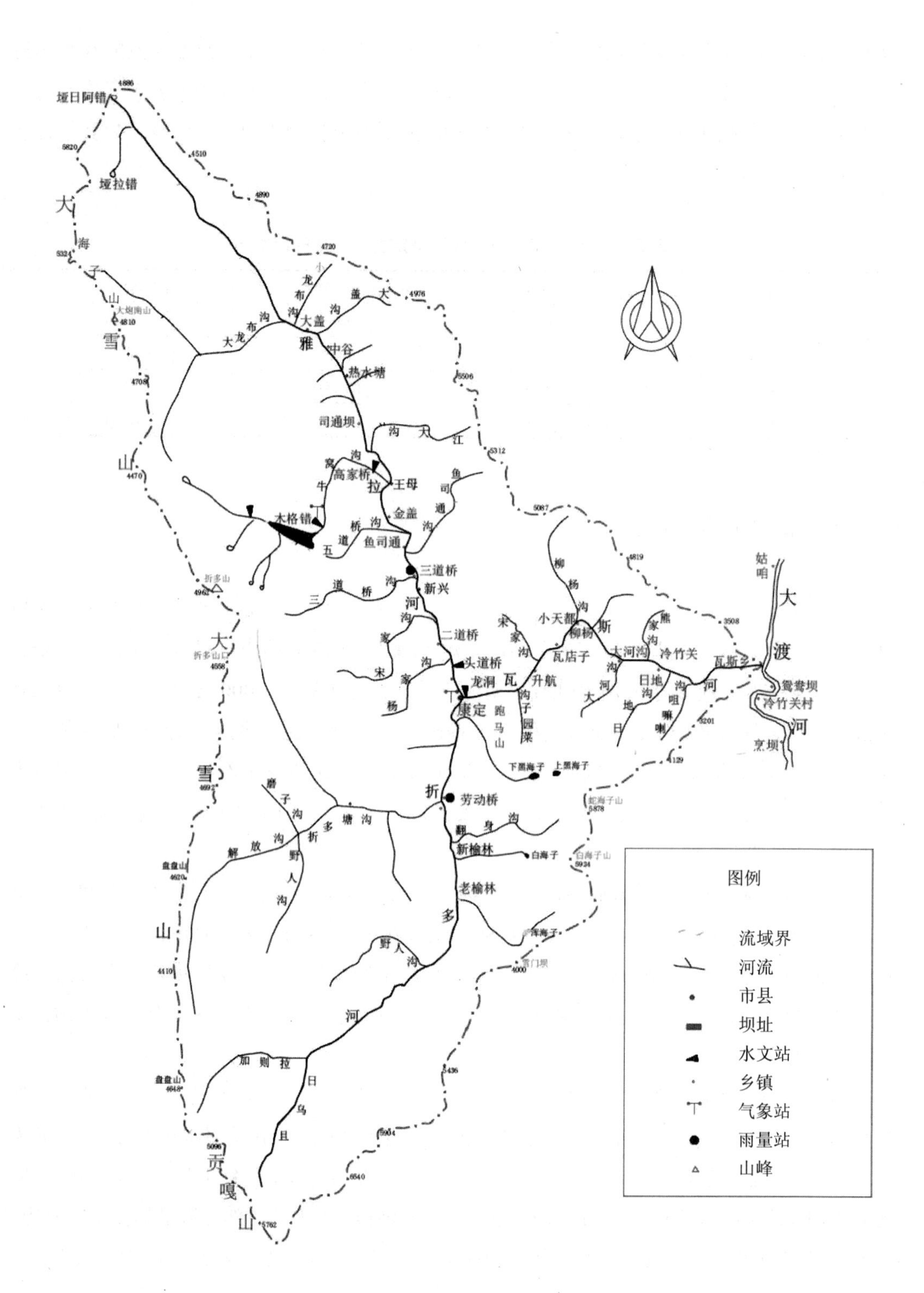
图例
流域界
河流
市县
坝址
水文站
乡镇
气象站
雨量站
山峰
康定
木格错
大渡河
瓦斯乡
三道桥
头道桥
二道桥
新兴
劳动桥
新榆林
老榆林
冷竹关
大河沟
柳杨
小天都
升航
瓦店子
金盏
王母
高家桥
司通坝
热水塘
中谷
大盖
姑咱
鸳鸯坝
冷竹关村
烹坝

图1 瓦斯河流域水系

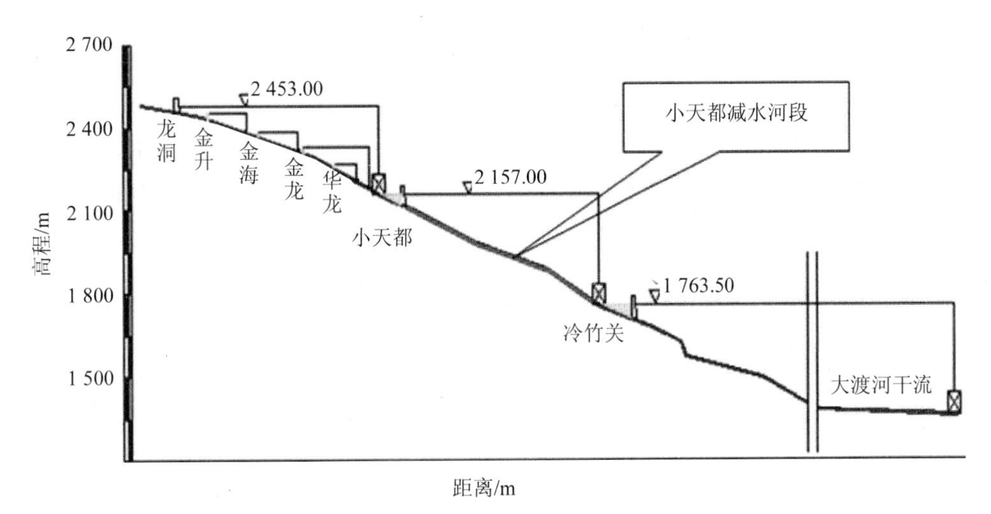

图 2 小天都减水河段

4 瓦斯河减水河段生态流量计算结果

4.1 生态水力学法计算结果

应用 MIKE11 对瓦斯河减水河段进行水力计算，参照生态水力学法水力生境参数标准对相应的水力参数进行统计分析，计算结果见表 3。

表 3 瓦斯河减水河段水力生境参数计算结果统计

水力生境参数指标		各模拟工况下累计河段长占总河段长的百分比						
指标项目	指标标准	0.2 m^3/s	2.27 m^3/s	4.5 m^3/s	11.2 m^3/s	13.5 m^3/s	45 m^3/s	推荐 4.05 m^3/s
最大水深	鱼体长度的 2～3 倍	37.0%	100%	100%	100%	100%	100%	100%
平均水深	≥0.3 m	0%	68.4%	100%	100%	100%	100%	100%
平均流速	≥0.3 m/s	59.7%	97.2%	97.2%	98.1%	100%	100%	97.2%
水面宽度	≥30 m	0%	0%	10.9%	10.9%	10.9%	31.7%	4.5%
湿周率	≥50%	4.7%	42.9%	100%	100%	100%	100%	100%
过水断面面积	≥30 m^2	0%	1.9%	1.9%	1.9%	1.9%	43.1%	1.9%
水面面积	≥70%	0%	12.9%	31.4%	46.8%	72.9%	100%	27.7%

注：灰色部分表示该指标不计入本次研究参考。

由于瓦斯河不属于大河流，且由表 3 可知，在多年平均流量 45 m³/s 的工况下，该研究河段水面宽度以及过水断面面积仍不能满足生态水力学法的标准要求。因此，本河段不考虑此两项指标（见本文 2.1 节对生态水力学应用方法的描述）。由于生态水力学法适用于大河流，故对中小河流可适当降低调整标准。根据计算结果并结合考虑实际情况，在工况 13.5 m³/s（多年平均流量的 30%）下，即使各项水力生境参数指标均达到 100%，水面面积仍然不能满足该方法标准，故本项参数也不计入考虑范畴。

按照生态水力学法要求，对各断面水力生境参数进行汇总后，根据生态水力学法的指标体系标准，对不同流量下减水河段水力生境参数的达标情况进行分析，由表 3 可知，在工况 4.05 m³/s（多年平均流量的 9%）下，最大水深、平均水深、湿周率达标的累计河段长均为总研究河段长度的 100%，平均流速达标的累积河段长占研究总河段长 97.2%。综合考虑后，确定瓦斯河减水河段生态基流量为 4.05 m³/s。

4.2 R2-CROSS 法计算结果

由于浅滩、河心滩等地段是随着流量改变，水力参数（水深、湿周、流速等）变化最敏感的区域，是河流流量减小情况下河流将遭遇干涸的第一个部分。因此，在选择重点断面时应尽可能选取河段内类似相对宽浅的断面。通过应用 MIKE11 对瓦斯河减水河段进行水力计算，选取该研究河段的两个最宽浅断面以及 1 个河心滩断面作为重点评价断面（图 3），参照 R2-CROSS 单断面法水力生境参数标准对相应的水力参数进行统计分析，计算结果见表 4。

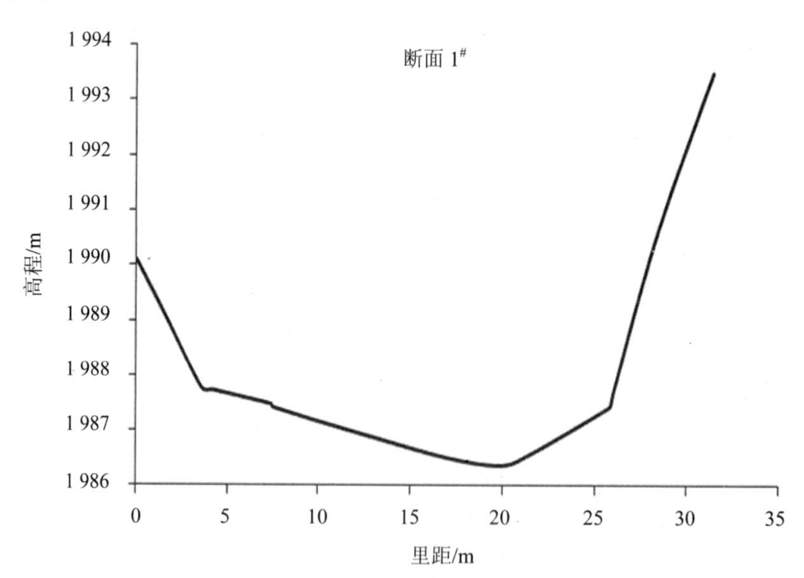

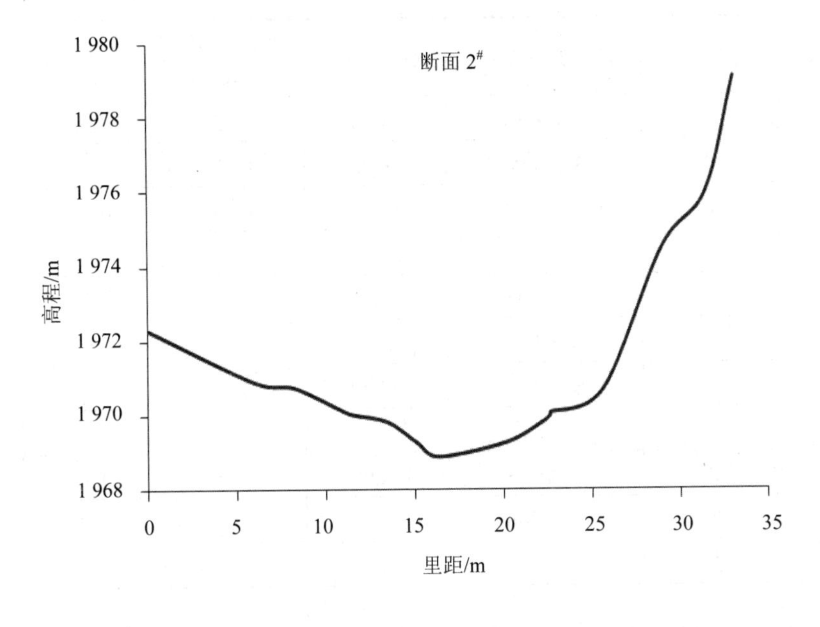

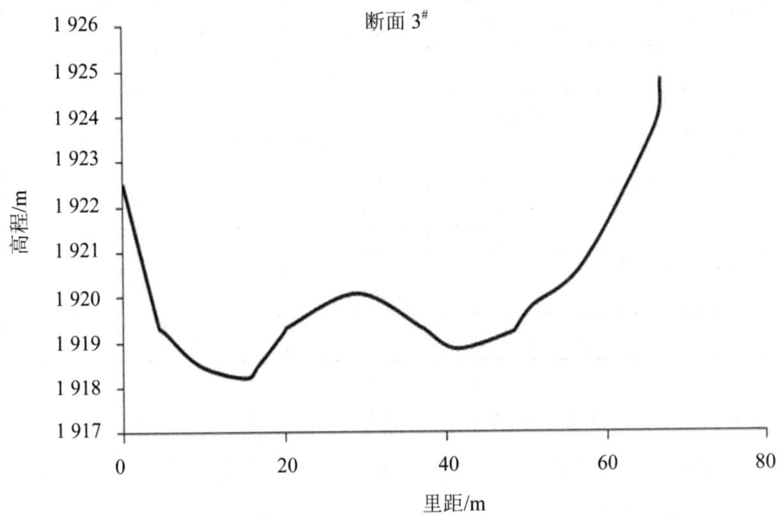

图 3　研究河段典型断面示意

表 4　瓦斯河减水河段 R2-CROSS 法计算结果统计

流量/（m^3/s）	图上编号	距坝址距离/m	水面宽度/m	平均流速/（m/s）	平均水深/m	湿周率/%
0.2（0.4%）	1#	1 948.35	5.76	0.28	0.13	21.2%
	2#	3 964.06	3.85	0.32	0.16	23.2%
	3#	6 260.14	5.57	0.30	0.11	13.5%
	小结			不满足	≥0.06	不满足

流量/（m^3/s）	图上编号	距坝址距离/m	水面宽度/m	平均流速/（m/s）	平均水深/m	湿周率/%
2.27（5%）	1#	1 948.35	11.79	0.55	0.35	42.6%
	2#	3 964.06	7.61	0.67	0.45	45.9%
	3#	6 260.14	10.40	0.60	0.36	27.0%
	小结			≥0.3	≥0.12	不满足
4.5（10%）	1#	1 948.35	16.72	0.51	0.52	59.6%
	2#	3 964.06	9.78	0.81	0.57	55.6%
	3#	6 260.14	25.72	0.39	0.45	54.3%
	小结			≥0.3	≥0.18	不满足
11.2（23%）	1#	1 948.35	18.98	0.91	0.65	69.4%
	2#	3 964.06	10.76	1.76	0.59	59.1%
	3#	6 260.14	25.58	0.99	0.44	53.7%
	小结			≥0.3	≥0.3	不满足
13.5（30%）	1#	1 948.35	22.01	0.80	0.77	79.4%
	2#	3 964.06	11.49	1.85	0.64	63.4%
	3#	6 260.14	27.08	1.03	0.48	62.5%
	小结			≥0.3	≥0.3	不满足
45（100%）	1#	1 948.35	24.57	1.18	1.55	100%
	2#	3 964.06	18.29	2.50	0.99	100%
	3#	6 260.14	43.29	1.35	0.77	100%
	小结			≥0.3	≥0.3	满足

由表 4 分析可知，下泄 0.2～13.5 m^3/s 流量时下游各断面的平均水深及平均流速都基本能满足 R2-CROSS 法制定的标准，但湿周率方面，3#断面（河心滩典型断面）在各工况下都未能达到各项指标要求。因此，采用 R2-CROSS 法计算生态基流的方法并不适用于此研究河段。

5 模拟结果与实测对比

根据小天都水电站下泄的生态流量以及研究河段的实际情况，本次研究在瓦斯河干流减水河段实测了 0.2 m^3/s（小天都水电站环评要求的流量，下泄枯期多年平均流量的 1%）、4.5 m^3/s（多年平均流量的 10%）、11.2 m^3/s（最小实测月均流量，多年平均流量的 25%）、13.5 m^3/s（多年平均流量的 30%）共 4 个流量工况并进行研究。由图 4、图 5 可知，当瓦斯河干流下泄枯期多年平均流量的 1%（即 0.2 m^3/s）时，虽未完全断流，但部分河段河床出现裸露情况，流速平缓；当瓦斯河干流下泄多年平均流量的 10%（即 4.5 m^3/s）时，干流水面情况较好，整条河段保持了河流的连通性，水深及流速及水面宽等水力生境指标均基本满足瓦斯河干流水生生态稳定所需水量；当瓦斯河干流下泄最小实测月均流量（即 11.2 m^3/s）时，减水河段流态接近天然状态，流速、水面宽及水深等各项指标均满足各项生态需水要求；当瓦斯河干流下泄多年平均流量的 30%（即 13.5 m^3/s）时，各典型断面处水面宽、水深及流速明显增加，浅滩数量减小，部分河段恢复急流、较急流状态，河道减水现象明显改善。

0.2 m^3/s　4.5 m^3/s　11.2 m^3/s　13.5 m^3/s

图 4　各工况流量下小天都闸址下游 3 200 m 处水面分布情况

小天都闸址下游 800 m　　小天都闸址下游 2 750 m

小天都闸址下游 3 200 m　　小天都闸址下游 4 600 m

图 5　4.5 m³/s 流量下减水河段各断面的水面分布情况

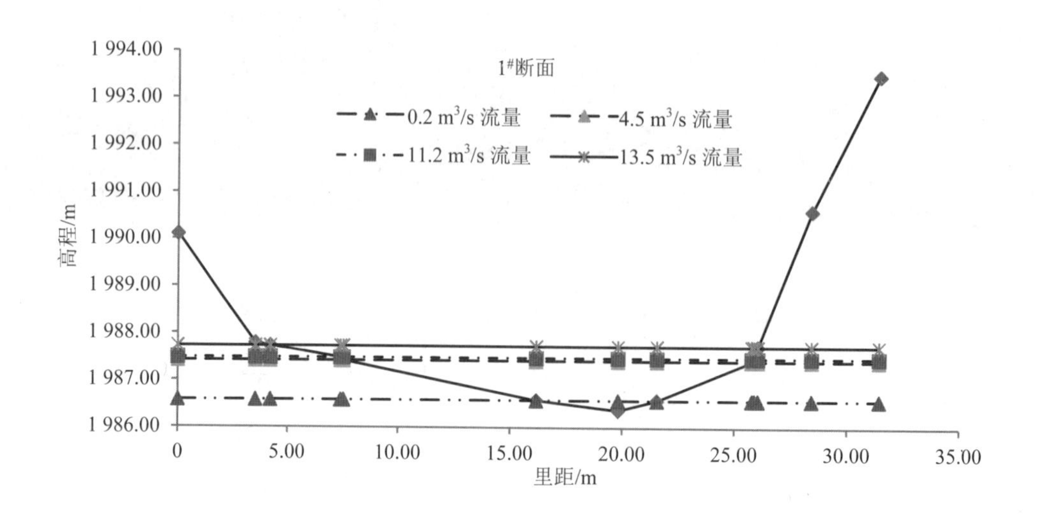

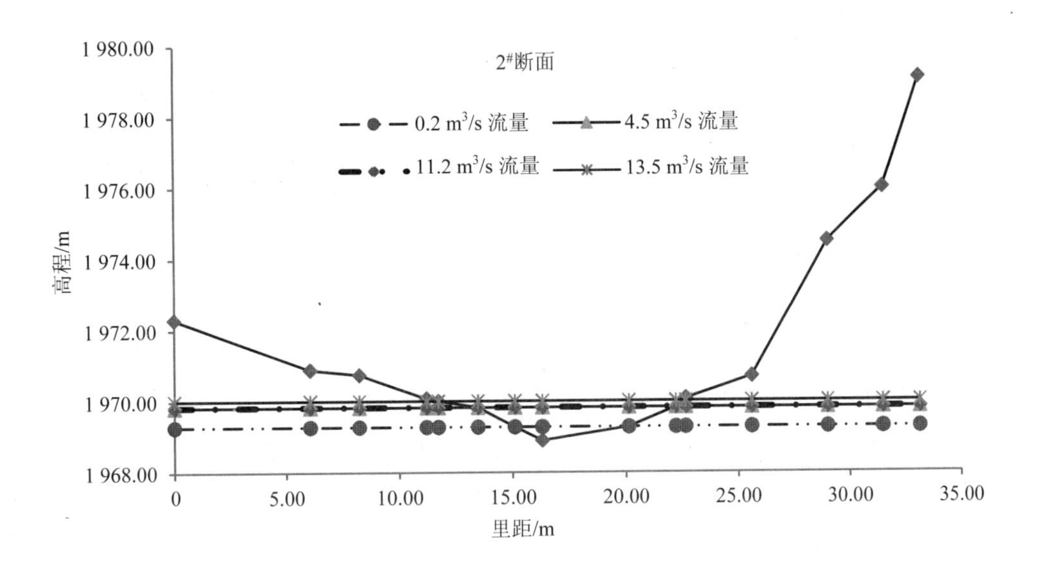

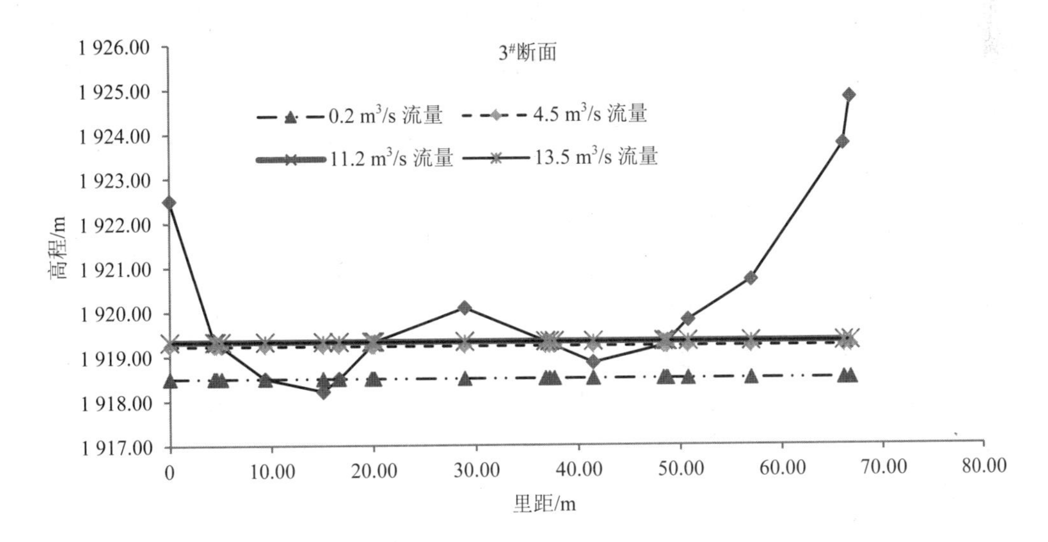

图 6　各工况流量下典型断面的水位实测情况

根据图 6 中 3 个典型计算断面的工况实测情况，综合考虑各项水力生境参数指标，认为该研究河段的生态基流量定在 4.5 m^3/s 左右较为合适，与生态水力学法计算成果一致。说明在根据实际情况适当降低指标标准后，生态水力学法针对中、小型流域时仍有较强的适用性。

6 结语

本文采用生态水力学法及 R2-CROSS 法对瓦斯河减水河段的生态流量进行模拟计算，并将结果与实测情况进行对比。分析结果表明，生态水力学法虽然适用于大河流，但由于该计算方法是在对整条研究河段综合评价的基础上提出的生态流量研究方法。因此，在根据实际情况对中、小型河流适当降低标准后，生态水力法仍能表现出较好的适用度；相比之下，R2-CROSS 法是一种仅针对研究河段典型断面上的水力生境参数确定生态流量的研究方法，而典型断面的选择在实际应用中往往遵循最不利原则。因此，在研究河段存在某一处指标较差的断面的情况下，根据 R2-CROSS 法计算出的生态流量往往过于偏大，不太符合实际情况。例如，在瓦斯河案例中，当流量达到多年平均流量的 30%后，仍然不满足 R2-CROSS 法的确定标准，但在对流域的水文情况进行实测结果中发现，干流流量在 4.5 m^3/s 左右（即多年平均流量的 10%）的情况下，研究河段的水文情况已基本满足最小生态需水量所应达到的要求。因此，相对于 R2-CROSS 法，生态水力学法反而更能较好地满足对瓦斯河流域生态流量的计算要求。

参考文献

[1] 谢新民，杨小柳. 半干旱半湿润地区枯季水资源实时预测理论与实践[M]. 北京：中国水利水电出版社，1999.

[2] 董增川，刘凌. 西部地区水资源配置研究[J]. 水利水电技术，2001，32（3）：1-4.

[3] Peter H Gleick. Water in Cdsis：Paths sustainable water use[J]. Ecological Applications，1998，8（3）：517-579.

[4] McMahon T A，Arenas A D. Methods of computation of low streamflow[J]. Paris，UnESCO Studies and reports in hydrology，1982，36：107.

[5] Armbruster J T. An infiltration index useful in estimating low-flow characteristics of drainage basins [J]. J Res USCS，1976，4（5）：533-538.

[6] Sheail J. Historycal development of setting compensastion flow in Gustard [J]. Institute of Hydrology，Wallingford. Appendix，1984.

[7] 水电工程生态流量计算规范（NB/T 35091—2016）[S].

石羊河尾闾青土湖生态补水模式探讨

吴佳鹏　李　洋　刘来胜　吴雷祥　霍炜洁

（中国水利水电科学研究院，北京 100038）

摘　要：生态补水已经成为改善、修复、恢复因缺水而受损生态系统结构和功能、自我调节能力的重要手段。针对石羊河尾闾青土湖干涸、生态功能退化状况，拟通过红崖山水库加高扩建工程实施，为青土湖提供稳定的生态补水。为研究生态补水规模、生态补水时段等要素与生态恢复目标的响应关系，构建了地下水流数值模型，分析了现状补水规模 2 000×10^4 m^3/a（方案Ⅰ）和规划补水规模 3 180×10^4 m^3/a（方案Ⅱ）下青土湖区的地下水位动态变化，同时探讨了干旱区补水时段、补水形式的适宜性。研究结果表明，上述两种补水方案下，在 2020 年青土湖区地下水埋深小于 3 m 的浅埋区面积分别为 82.3 km^2 和 90.2 km^2，而在 2030 年浅埋区面积分别为 127.8 km^2 和 302.57 km^2。两种补水方案均满足规划要求的 2020 年青土湖区生态恢复目标，但从远期看后者地下水位恢复范围呈级数增加。鉴于干旱荒漠区植物群落演替受地下水位影响明显，生态补水应采用集中大流量输水形式，以有效减少输水过程中蒸发损失，使区域获得最大的地下水资源补给量。相关结论能够为干旱区生态补水模式选择提供依据。

关键词：石羊河；青土湖；生态补水模式

生态补水已经成为改善、修复、恢复因缺水而受损生态系统结构和功能、自我调节能力的重要手段。由于干旱区内陆河流域尾闾是一个以水为主导，相对完整的地理单元，不同的水分时空分布格局和生态系统特殊性使尾闾生态需水更加复杂化。关于干旱区内陆河尾闾补多少水（补水量），何时补水（补水时机）以及水文过程等要素的研究报道较少。这些问题的答案是干旱区内陆河尾闾生态补水综合效应研究所要回答的重要前沿科学问题之一。目前，水文统计、水力学模型以及生态-水文耦合模型是主要用于确定生态补水要素的科学方法。如在白洋淀湿地生态补水研究中，采用 1956—2000 年的逐日实测水位数据，通过汛期（7—9 月）和非汛期（10 月至次年 6 月）水位分组及上述两期的水位交迭获得了白洋淀生态适宜水位[1]。在黄河三角洲河口湿地生态补水研究中，通过构建河口湿地生态需水的生态-水文模拟系统，确定了不同水文年适宜的补充水量[2]。青土湖是石羊河尾闾湖，被称为防止腾格里沙漠与巴丹吉林沙漠合龙的一道“水门关”。20 世纪初期，其尾闾青土湖区水域面积大约 120 km^2。随着流域人口的增长和灌溉农业的发展，青土湖水域面积逐渐萎缩。20 世纪 40 年代末，水域面积尚有约 70 km^2，50 年代中后期，水域面积快速缩小，1959 年青土湖完全干涸。20 世纪 70 年代，国家地图出版社出版的五万分之一地图上已无青土湖一名，成为民勤绿洲北部最大的风沙口，腾格里和巴丹吉林两大沙漠在这里呈现合围之势[3]。为不让民勤绿洲成为“第二个罗布泊”，2007 年年底，国务院启动石羊河流域重点治理规划，2010 年开始相机由红崖山水库向青土湖补水，至 2013 年共计补水 8 090×10^4 m^3，湖区地下水位不断回升，自 2007—2014 年已从地下 4.02 m 上升到目前的地下 3.2 m，升高 0.82 m，局部地方地下水埋深小于 1 m。为维持青土湖补水的生态效果，在 2015 年实施红崖山水库工程改建、扩建工程中，要求预留生态调节库容，实现向青土湖的有调节补水，改变目前无调节相机补水的态势。确定青土湖生态需水的水量及水文过程是生态库容合理设置、水库调度方式设定的科学依据。青土湖处于极度干旱地区，年平均降雨量在 100 mm 以下，其地理空间、气候和植被存在明显的区域特征，生态系统恢复具有其特殊性。因此，生态需水决定性要素是什么，生态补水后维持多大的尾闾植被面积，才能阻止两大沙漠的进一步入侵，是开展生态补水急需探讨和研究的课题。应急补水是世界上人为干预下恢复生态学的独特案例，目前来看，世界范围只有在中国塔里木河流域进行过应急生态输水。国内许多学者主要研究了地下水动态[4-6]，植物群落物种组成结构、生物量和优势种群的变化等输水生态效应，而对适合的应急补水水量和过程尚未见报道。笔者旨在以地下水位动态特点、区域植被气候特征为着眼点，分析补水水量和过程与其的动态响应关系，以期为合理确定补充水量提供科学依据。

1 材料与研究方法

1.1 研究区域概况

青土湖地处甘肃省民勤县城东北 70 km 处，腾格里沙漠西缘，地理位置为 39°05′N、103°31′E，土地面积大约 40 km^2，属于巴丹吉林沙漠东南缘，海拔高度为 1 292～1 310 m。该区年平均气温为 7.8℃；年降水量不足 100 mm，且降水多集中于 7—9 月，占全年降水总量的 73%，蒸发量达 2 600 mm 以上，属典型温带大陆性干旱荒漠气候。区域气候特征见表 1。

表 1　民勤气象站气象要素统计（1971—2008 年）

月份	1 月	2 月	3 月	4 月	5 月	6 月	7 月	8 月	9 月	10 月	11 月	12 月	年均
气温/℃	−8.4	−4.4	2.7	10.8	17	21.4	23.3	21.9	16.1	8.4	0.2	−6.6	8.5
降雨/mm	0.9	0.9	2.5	5.1	11.1	15.8	24.6	27.3	18.9	6.9	1.5	0.5	96.0
蒸发量/mm	45.4	71.5	174.8	301.7	389.1	405.2	394.2	341.6	233.3	159.6	80.7	46.7	2 643.9

1.2　补水过程和途径

（1）补水过程

红崖山水库加高扩建工程实施后，年均提供给青土湖的补水量为 3 180×10^4 m^3，利用每年夏灌结束后的 8—11 月向青土湖生态补水，见表 2。

表 2　青土湖生态补水过程　　单位：10^4 m^3

月份	1 月	2 月	3 月	4 月	5 月	6 月	7 月	8 月	9 月	10 月	11 月	12 月	合计
水量								940	940	940	360		3 180

（2）补水途径

红崖山水库通过渠道给青土湖补水，即通过红崖山水库输水洞进入跃进总干渠，再通过十一干渠末端的 3 条支渠（新西岔支渠、什岔支渠、外西支渠）进入青土湖。输水渠道基本情况见表 3。输水渠道均为梯形断面，衬砌形式采用混凝土预制块。因此，输水损失主要为蒸发损失。

表 3　输水渠道基本情况一览

渠道名称	长度/km	渠宽/m	渠深/m	渠口宽/m	最大过水能力/（m^3/s）
跃进总干渠	87.37	3	2.5	10.49	30
十一干渠	15.408	1.5	1.38	5.66	2.15
什岔支渠	14.2	0.5	0.6	1.0	0.24
新西岔支渠	13.50	0.5	0.6	1.0	0.24
外西支渠	7.85	2.85	1.40	7.05	2.50

1.3　地下水流数值模型的建立

研究对象主要是与河流尾闾青土湖有直接水力联系的潜水含水层。青土湖位于民勤盆地下水系统的东北部，民勤盆地为相对独立的地下水系统。为保证水文地质单元建模的完整性，建模区域选取整个民勤盆地，面积为 5 724.89 km^2。含水层特征为非均质各向同性，含水层参数初值通过对研究区的水文地质图、综合水文地质剖面图和土壤类型图进行分区设置（表 4 和图 1），同一参数分区内可视为均质，水流服从达西定律。将研究区内地下水流概化为二维非稳定流。盆地北部和西北部为山区，隔水边界；西部的昌宁灌区和金川有水量交换，为流量边界，但基本沿流线方向，交换水量不大，概化为通用水头边界；南部主体为基岩，分隔了和上游武威盆地的联系；在红崖山水库和东部边界，有侧向补给，也概化为通用水头边界；东北部为侧向排泄边界，流向东北部的青土湖。

表 4　渗透系数 K 与给水度 μ 取值

分区	1	2	3	4	5	6	7	8	9	10	11	12	13	14
K/（m/d）	26.08	17.41	16.41	14.25	11.35	13.72	10.08	10.71	8.35	7.71	8.77	7.41	6.32	4.21
μ（无量纲）	0.18	0.15	0.12	0.10	0.13	0.15	0.11	0.13	0.12	0.06	0.09	0.07	0.06	0.046

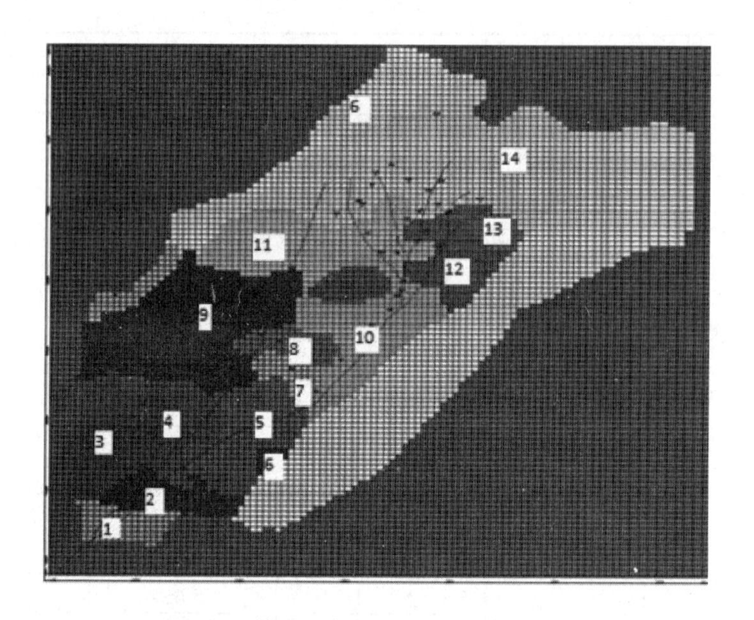

图 1　民勤盆地含水层水文地质参数分区

根据上述水文地质概念模型，利用 Visual MODFLOW 软件，建立相应的数学模型后求解。首先，将模型空间离散 1 km×1 km 的矩形网格，在开采区和水文地质条件变化较大的地方加密部分网格，以增加计算的精度。为了保证收敛的同时提高计算速度，对网格作平滑处理。计算区共有活动计算单元 4 908 个。研究区内具有实测资料的观测井共有 76 眼，模型的校正时段为 2005 年 1 月 1 日至 2009 年 12 月 30 日，验证时段为 2010 年 1 月 1 日至 2014 年 12 月 30 日。引入均方根误差（RMS）对模型拟合程度进行判定，均方根平均误差 0.452 m，多数点位于 95%置信区间内或接近区间范围（图 2），RMS 误差 4.14%。所建立的模型较好地模拟了研究区地下水水位动态特征，能够反映地下水水流的实际情况，可以用于研究区地下水水流的模拟分析。

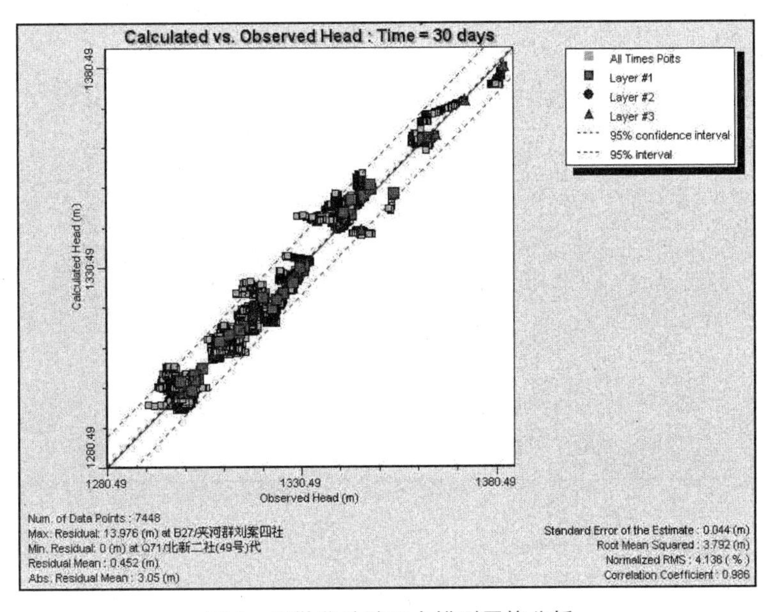

图 2　民勤盆地地下水模型置信分析

2　结果与分析

2.1　补水前后区域地下水水均衡

根据红崖山水库 1956—2013 年长系列调节计算，在红崖山灌区 2020 年用水水平下、按照现有水库工程条件进行运行调度，水库可以将 2 000×10^4 m^3 弃水在灌溉间歇期通过现有渠道补向青土湖。模型以 2014 年 12 月 30 日为初始流场，30 d 为时间步长，预测了未来 15 年地下水水位动态以及各均衡项的变化。经预测，现状供水方案下 2020 年民勤盆地地下水正均衡 0.55×10^8 m^3。红崖山水库加高扩建工程实施后，年均为青土湖生态补水 3 180×10^4 m^3，以 2014 年 12 月 30 日为初始流场，30 d 为时间步长，预测 2020 年地下水水位动态以及各均衡项的变化。经预测，工程实施后 2020 年民勤盆地地下水正均衡 0.61×10^8 m^3（表 5）。

表 5 工程实施前后地下水补排关系的变化

项目	途径	现状/10^8 m^3	工程实施后/10^8 m^3	变化量/10^4 m^3
地下水补给项	河库（湖）水入渗	0.41	0.46	500
	地表水渠系入渗和田间回归	0.84	0.92	800
	井灌回归	0.1	0.1	0
	降水和凝结水入渗	0.07	0.07	0
	侧向流入	0.56	0.56	0
	合　计	1.98	2.11	1300
地下水排泄项	蒸发蒸腾	0.54	0.59	500
	泉水溢出	0.03	0.05	200
	人工开采	0.86	0.86	0
	合计	1.43	1.5	700
均衡差		0.55	0.61	

由表 5 可见，相对于现状供水条件，设计水平年地下水正均衡增加 600×10^4 m^3，其中地下水补给项增加 1 300×10^4 m^3，地下水排泄项增加 700×10^4 m^3。由于水库正常蓄水位上升了 1.23 m，兴利库容的增加导致水库入渗增加了 500×10^4 m^3，灌溉水量和青土湖区补给水量的增加导致地表水渠系入渗和田间回归增加 800×10^4 m^3；正常蓄水位升高水面面积的增加以及地下水位升高，使蒸发、蒸腾排泄增加 500×10^4 m^3。

2.2 补水后青土湖区地下水位

根据地下水模型预测分析，现状供水条件下 2020 年青土湖区地下水埋深小于 3 m 的浅埋区面积为 82.3 km^2；2030 年浅埋区范围 127.8 km^2。而工程实施后，利用每年夏灌结束后的 8—11 月向青土湖生态补水 3 180×10^4 m^3，可以使 2020 年青土湖区地下水埋深小于 3 m 的浅埋区面积达到 90.2 km^2（图 3），2030 年浅埋区面积达到 372.65 km^2（图 4），青土湖维持常年水面面积 8 km^2，尽管现状供水和工程实施增加供水方案均满足《石羊河流域重点治理规划》2020 年“实现民勤盆地地下水位持续回升，青土湖区预计将出现总面积大约 70 km^2 的地下水埋深小于 3 m 的浅埋区，形成一定范围的旱区湿地”的目标要求，但从远期看，增加供水方案的浅埋区面积呈级数增加。

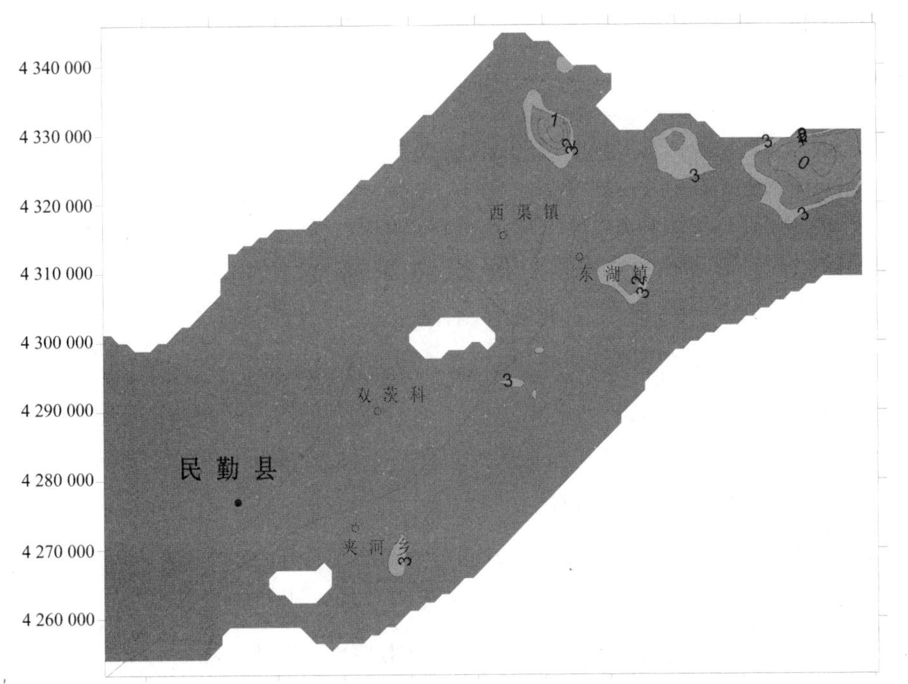

图 3　地下水埋深<3 m 分布（2020 年）

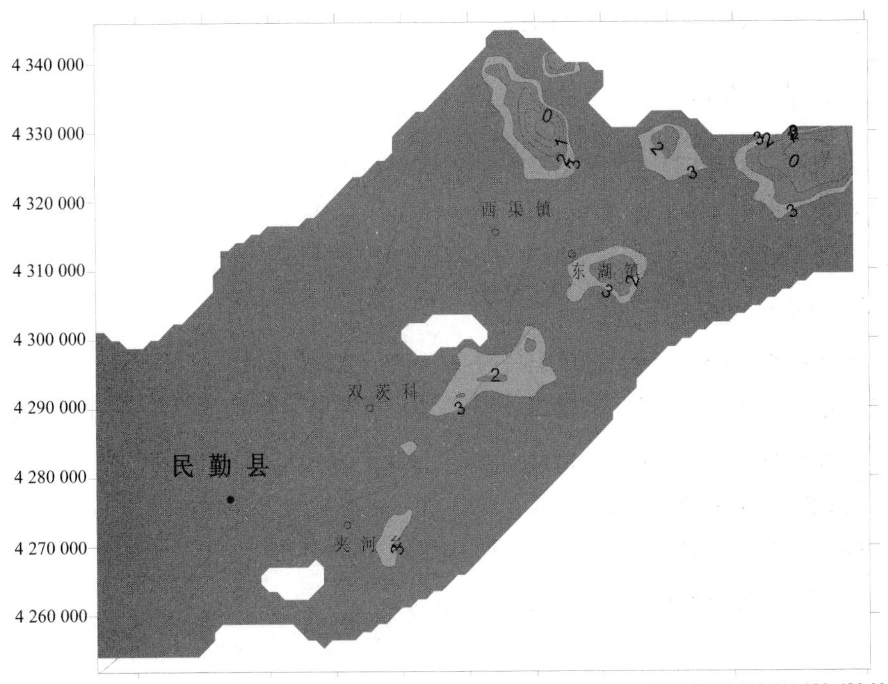

图 4　地下水埋深<3 m 分布（2030 年）

3 讨论

3.1 补水目标的合理性

本文通过补水目标反推补水水量，然后采用地下水水流数值模拟验证二者的匹配性。红崖山水库向青土湖补水的目的是恢复青土湖的天然生态屏障功能，阻止两大沙漠的合拢。以沙尘暴肆虐、沙带快速推进状况出现前的青土湖区的水文生态状况作为恢复目标，这种采用仿自然方法确定青土湖区水文生态恢复目标本文认为是适宜的。根据资料记载，20 世纪初期，青土湖水域面积约 120 km^2。随着石羊河流域内人口的增长和灌溉农业的发展，青土湖水域面积逐渐萎缩。20 纪 40 年代末，水域面积尚有约 70 km^2，20 世纪 50 年代中后期，湖泊开始大面积萎缩，至 1959 年完全干涸[7]，也从该时期起青土湖区出现沙带入侵问题。基于上述分析，显然恢复 40 年代末青土湖区生态功能对于维持沙漠稳定无疑是合适的；但由于水面恢复是一个漫长的过程，因此将近期目标确定为等同水面面积的地下水埋深小于 3 m 浅埋区面积的恢复。由于小于 3 m 的地下水埋深可以支撑以白刺为代表的荒漠植被的正常生长[8]。故在《石羊河流域重点治理规划》中，提出 2020 年“实现民勤盆地地下水位持续回升，青土湖区预计将出现总面积大约 70 km^2 左右的地下水埋深小于 3 m 的浅埋区，形成一定范围的旱区湿地”的目标要求。

3.2 补水时段的合理性

石羊河下游属荒漠区，植物群落演替受地下水位影响明显[9-10]。因此，青土湖补水目的、形式不同于塔里木河，塔里木河通过天然河道输水恢复河道及其河岸带的水分条件和生态系统，而青土湖采用渠道输水，目的在于为青土湖提供最大用于恢复地下水位的水量，因此有效减少输水过程中水量损失是青土湖生态补水时序上应关注的最重要的问题。同时，青土湖区降雨量不足 100 mm，除少数稀疏沙生植被可靠天然降水存活外，其他天然植被均依靠地下水生长。当地下水埋深小于植被根系临界可吸取水量的深度时，植被存活；反之，植被退化直至死亡。根据上述地下水位恢复目标，选择灌溉高峰后、蒸发损失较小的 8—11 月集中大流量给青土湖输水。8—11 月月均蒸发量仅为年蒸发量的 8%，因此在该期间集中补水相对于年内分散输水，可以有效减少蒸发损失，使青土湖获得更多的有效水资源量，更有利于地下水位和荒漠植被的恢复。

4 结论

针对石羊河尾闾青土湖生态补水规模、补水时段等补水要素，采用数值模拟手段开展了研究，模拟了不同供水方案下近期和远期湖区地下水位恢复效果，结果发现增加供水方案下远期湖区浅埋区面积呈级数增加，更有利于湖区生态功能的发挥。同时针对干旱荒漠区生态需水的特点，即以地下水位恢复为主，分析了生态供水的模式和时段合理性。通过上述研究结论为干旱区生态补水方案编制提供了依据。

本研究中，仅通过数学模型在假定条件下，开展了长期供水对湖区地下水位恢复的模拟研究，但实际中多次供水对区域地下水位动态变化影响是非线性的、十分复杂的科学问题，尤其在干旱荒漠区可能更加复杂，建议通过对湖区地下水位的现场监测进一步开展上述问题研究。

参考文献

[1] 刘越，程伍群，尹健梅，等. 白洋淀湿地生态水位及生态补水方案分析[J]. 河北农业大学学报，2010，33（2）：107-109，118.

[2] 卓俊玲，葛磊，史雪廷. 黄河河口淡水湿地生态补水研究[J]. 水生态学杂志，2013，34（2）：14-21.

[3] 刘世增. 石羊河流域中下游河岸植被变化及其驱动因素研究[D]. 北京：北京林业大学，2010.

[4] 徐海量，宋郁东，陈亚宁. 塔里木河下游生态输水后地下水变化规律研究[J]. 水科学进展，2004，15（2）：223-226.

[5] 蒋良群，陈曦，包安明. 塔里木河下游地下水变化动态分析[J]. 干旱区地理，2005，28（1）：33-37.

[6] 徐海量，陈亚宁，李卫红. 塔里木河下游生态输水后地下水的响应研究[J]. 环境科学研究，2003，16（2）：19-22，38.

[7] 赵强，王乃昂，李秀梅，等. 青土湖地区 9500aBP 以来的环境变化研究[J]. 冰川冻土，2005，27（3）：352-359.

[8] 刘淑娟，马剑平，刘世增，等. 青土湖水面形成过程对荒漠植物多样性的影响[J]. 水土保持通报，2016，36（1）：27-32.

[9] 何芳兰，李治元，赵明，等. 民勤绿洲盐碱化退耕地植被自然演替及土壤水分垂直变化研究[J]. 中国沙漠，2007，27（2）：278-282.

[10] 常兆丰，刘虎俊，赵明，等. 民勤荒漠植被的形成与演替过程及其发展趋势[J]. 干旱区资源与环境，2007，21（7）：116-124.

Ecological Flow Determination Method for High Inflow Rivers with Significant Seasonality for Operation of Projects Where the Powerhouse is not Located at the Toe of the Dam/Intake Belo Monte HPP and São Luiz Do Tapajos HPP Cases

Gabriel S C Rocha[1] Humberto J Teixeira[2] Lineu Asbahr[3]

(1. WorleyParsons, Brazil, gabriel.rocha@worleyparsons.com;

2. WorleyParsons, Brazil, humberto.teixeira@worleyparsons.com;

3. WorleyParsons, Brazil, lineu.asbahr@worleyparsons.com)

Abstract: Ecological flow determination is very important for all hydropower projects to be more sustainable and less impacting for the environment. Ecological flow needs to be determined both for reservoir impoundment period as well as for the normal operation of the plant, especially in cases where the water is diverted from the main river course, to be released in a different river or a significant length downstream the dam and intake structures. This paper will show the studies that resulted in the determination of the ecological flow of the belo monte HPP, located in Xingu River in Brazil (11.3 GW of installed capacity) and the São luiz do tapajós HPP, located in tapajós River in Brazil(8 GW of installed capacity). This large scale projects located in the amazon region are in high inflow rivers with large seasonality, since flows vary a lot from dry season to wet season. both projects the powerhouse is located some kilometers downstream of the dam, and to avoid large environmental and social impact of keeping a stretch of the river, downstream of the dam with insufficient flow, an adequate assessment and determination of the ecological flow was carried out. The paper will present this assessment, including the environmental and social constrains, limitations and demands that were raised for the reduced flow stretch of river, the hydrological studies performed to consider different solutions for minimizing this impact and the final solution achieved. the paper will also present a discussion and considerations for a broader application of such methodology in other situations/projects.

Key Words: Ecological flow; Environmental flow; Hydro power plant; Environmental impact; Hydrodynamic Modeling

1 INTRODUCTION

Brazil has a very large hydro power potential of over 260 GW, out of which about 30% has been explored. The majority of the remaining potential is located at the Amazon region, which represents over 60% of the untapped hydropower potential of Brazil. However, the Amazon Region is a very complex and sensitive area in terms of biodiversity and ecology, as well as in terms of logistics.

This combination results in a challenging situation to allow for the development of hydro power plants in Brazil.

But, since this natural resource is very important for Brazil's economy and growth, several promising projects located in the Amazon region are being studied to search for sustainable solutions to allow the development of this huge potential of over 100 GW.

It can also be pointed out that Brazil has strict environmental licensing rules and practices to avoid that large impact and unacceptable losses of the biotic environmental are caused by the development of projects, especially in the Amazon Region.

So, Brazil has invested in several technical environmental and social studies to define project solutions that are more friendly to the environment but still economically and financially competitive, developing some interesting methodologies to study and mitigate the impacts of hydro power plant development.

One significant impact a hydropower plant can cause is the creation of a stretch o river with reduced flows (this will be better explained further), and the definition of the minimum flow in this stretch of river is crucial for the mitigation of the impacts of the hydro power project.

This paper will present study cases to define ecological flows in reduced flow stretches of rivers for two large hydro power projects located in the amazon region of Brazil, the first one is HPP Belo Monte (11.2 GW of installed capacity) located in the Xingu River (under construction), and the second one is HPP São Luiz do Tapajós (8 GW of installed capacity), located in Tapajós River (under licensing).

The objective is that the presentation of these cases and the methodologies used to determine the ecological flow can allow other projects to replicate this methodologies and better define the ecological flow to be maintained in reduced flow stretches reducing the impacts of projects making them more sustainable over time.

Next it is presented some highlights about hydrology of the large hydro power plants of Brazil.

Main Brazilian HPPs in the Amazon Region And HPP Itaipu

The four main tributaries of Amazon River on its right margin are the rivers Madeira, Tapajós, Xingu and Tocantins, located on the South of Brazil at the Paraná River. The larger hydro power plants existing and in study in these rivers are:

- Madeira River – Existing run of the river HPP Jirau and HPP Santo Antonio.
- Tapajós River – In study run of the river HPP São Luiz do Tapajós.
- Xingu River – Existing run of the river HPP Belo Monte.
- Tocantins River – Existing conventional HPP Tucuruí.
- Paraná River – Existing conventional HPP Itaipu.

The HPP Belo Monte on Xingu River and the HPP São Luiz do Tapajós on Tapajos River have a power house downstream of the river dam, what creates a river stretch with reduced flows. In this cases it was established an Ecological Hydrogram to be maintained in the stretch.

The main characteristics of these HPPs are listed in Table 1.

Table 1 Brazilian Large HPPs in Amazon Region and HPP Itaipu

HPP	RIVER	INSTALLED CAPACITY/MW	NUMBER OF UNITS	GROSS HEAD/m
Tucurui	Tocantins	8 535	25	65.5
Belo Monte	Xinggu	11 000	18	86.9
Sao luizdo Tapajos	Tapajos	8 040	38	34.2
Santo Antonio	Madeira	3 568	50	13.9
Jirau	Madeira	3 750	50	15.2
Itaipu	parana	14 000	20	117

As it can be seen in Table 1 the two Madeira River HPPs have a small head, around 15 m, São Luiz do Tapajós 35 m, Tucuruí 66 m, Belo Monte 87 m and Itaipu 117 m. The HPP Itaipu has the largest installed capacity followed by HPP Belo Monte.

The top generation is HPP Itaipu. Nowadays Paraná River watershed is under a wet interannual period and the HPP Itaipu has been generating more energy than expected in its design.

The annual and monthly natural average flows of each HPP site is presented in the Table 2.

Table 2 Brazilian Large HPPs Natural Averages Inflows

HPP	Drainage Area km^2	Jan	Fev	Mar	Abr	Mai	Jun	Jul	Ago	Set	Out	Nov	Dez	AVERAGE	
		Vs.km^2												Vs.km^2	m^3/s
Tucurui	758 000.0	20.3	27.4	31.8	31.7	20.6	10.0	5.8	4.1	3.1	3.5	5.9	11.5	14.6	11 139
Belo Monte	455 000.0	17.1	28.0	39.4	43.5	34.5	15.6	6.3	3.4	2.3	2.4	4.1	8.2	17.1	7 782
Sao luizdo Tapajos	452 783.0	35.1	47.7	58.7	58.1	40.0	22.0	12.5	8.8	7.8	8.7	13.2	22.2	27.9	12 656
Santo Antonio	988 997.0	23.9	30.8	35.5	34.3	26.4	18.5	11.8	7.3	5.5	6.6	10.4	16.6	19.0	18 805
Jirau	972 710.0	24.2	31.1	35.9	34.9	26.8	18.6	11.9	7.3	5.4	6.5	10.4	16.6	19.1	18 658
Itaipu	820 000.0	17.2	18.8	17.9	14.0	11.3	10.1	8.5	7.1	7.2	8.6	9.8	13.0	11.9	9 837

The monthly averages flows at each HPP are also showed in the Figure 1 graphics.

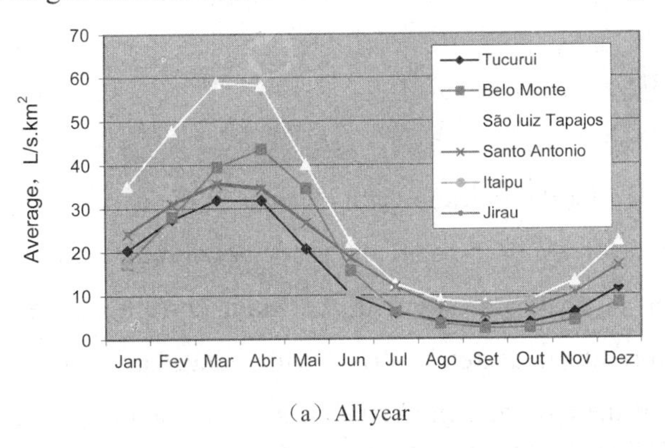

(a) All year

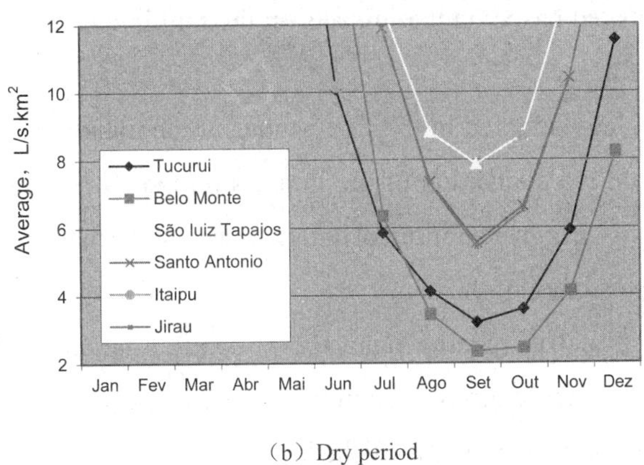

(b) Dry period

Figure 1 Monthly Natural Average Flows at Amazon Rivers Tributaries HPPs Sites & Paraná River at HPP Itaipu

Comparing the averages flows values in L/s.km^2 it can be seen that the Tapajós River at HPP São Luiz do Tapajós has the larger value, 27.9 L/s.km^2, followed by the Madeira River

HPPs 19 L/s.km^2 and after by rivers Xingu at HPP Belo Monte，Tocantins at and Paraná at HPP Itaipu.

As it can be seen in Figure 1（b） the dry season flows of the Tapajós River are higher than the others rivers and caused by the natural flow regularization of the upper basin tributaries where the drainage area terrains have high porosity. In the Tapajós River watershed upper part the seasonality of flows are very small although the rainfall regimen is very seasonal. The Xingu River at HPP Belo Monte has the minor dry season runoff followed by Tocantins River at HPP Tucuruí. It happens due to the high rainfall seasonality and due to poor infiltration capacity of most part of the Xingu watershed terrains.

The average long term flow of the Madeira River，18 800 m^3/s，is larger than the others due to its large drainage area near a million km^2.

2 STUDY CASES

The implantation of a HPP implies in great changes in the dynamics of the water flow both in the reservoir created upstream of the dam and in the downstream stretch. In the case of plants in which the restitution of turbinated water in the Main Powerhouse takes place in a section downstream of the dam results in a stretch of river with reduced and even null discharges.

The preservation of the environmental attributes and the anthropic activities of this stretch of river are usually evaluated based on the impacts on the multiple uses of the water in the same stretch and its area of influence.

Thus，the methodology adopted in the flow studies to be maintained in the Reduced Flow Stretch – RFS is based on the evaluation of the impacts on the natural environment and on the anthropic activities from the consideration of alternatives of discharges to be released in the section immediately downstream of the dam .

Based on a decision matrix relating impacts，mitigation actions and their corresponding effectiveness indexes，the interventions to be implemented in the various phases of the project，from construction to operation，can be established.

The research of the impacts in the RFS and its area of influence are based on the analysis of the effects of the changes in the fluvial flow dynamics and the temporal variability and magnitude variability of the flows.

In general，the impacts of maintaining reduced flows for long periods of the year are defined as changes and/or loss of specific environments，livelihoods，beaches and leisure areas， landscape and scenic beauty，composition and diversity of alluvial forest floristics，faunal communities，reproductive and food habitats of ichthyofauna and chelonians，species intolerant to hydrological alterations，fishing patterns，nutrient supply to the river，the level of coliforms in areas of high population concentration.

Likewise，the impacts of changes in navigation conditions are defined as a result of the alteration and/or loss of means of flow of products，access to equipment and social services，access to islands and natural resources.

In the next sections it is described the two Ecological Flow study cases，which are object of the Engineering Feasibility and Environmental Impact Studies of São Luiz do Tapajós HPP and Belo Monte HPP，presented in the references [1] to [4].

2.1 HPP Belo Monte Ecological Flow

The general layout of the main structures of the HPP Belo Monte is presented in Figure 2，below. As it can be seen in this figure there is a dam at Sitio Pimental section that diverts the Xingu River flows into two channels at the left margin，followed by the channels reservoir which provides the inflows to the Main Power House. At the Sitio Pimental Dam it is located the main spillway and a Complementary Power House which uses the ecological flows that is maintained downstream in the stretch of reduced flows.

a）HPP Belo Monte Reduced Flow Stretch

The HPP Belo Monte Reduced Flow Stretch – RFS – has a length of 100 km，from Sitio Pimental Dam until the Main Power House tail race.

The upstream stretch of the RFS has a large number of fluvial islands and sub channels and a quantity of “pedrais”（river place with exposed and submerged rock） that enlarges from upstream to downstream.

In this section，the channels between the “pedrais” reach large size，and the larger channels do not dry during the dry season，allowing navigation of small vessels. In the final section of the RFS，the Xingu River presents a reasonably single，wide channel with few “pedrais” and fluvial islands.

Environmental impact studies have indicated that the most relevant impact on RFS is on ichthyofauna，both for local and migratory species. For local species，it is necessary to implement measures to maintain the annual flood dynamics of the “pedrais” during the period of river floods and，for migrators，there is a need to preserve turbulent rapids for spawning between the months of November and February（“piracema” period）. Thus，there is a need to maintain a flow such that the RFS floodplain still contemplate a seasonally pulsating dynamics, whereby local species move from the deepest and main channels of the river to the floodable "pedrais" to forage (search for food) and also to nest, taking advantage of the interaction with the most accessible vegetation, in the increment and diversification of their diet. In the same way, the flow to be maintained during the flood season should also provide for the maintenance of the rapids necessary for the spawning of migratory fish.

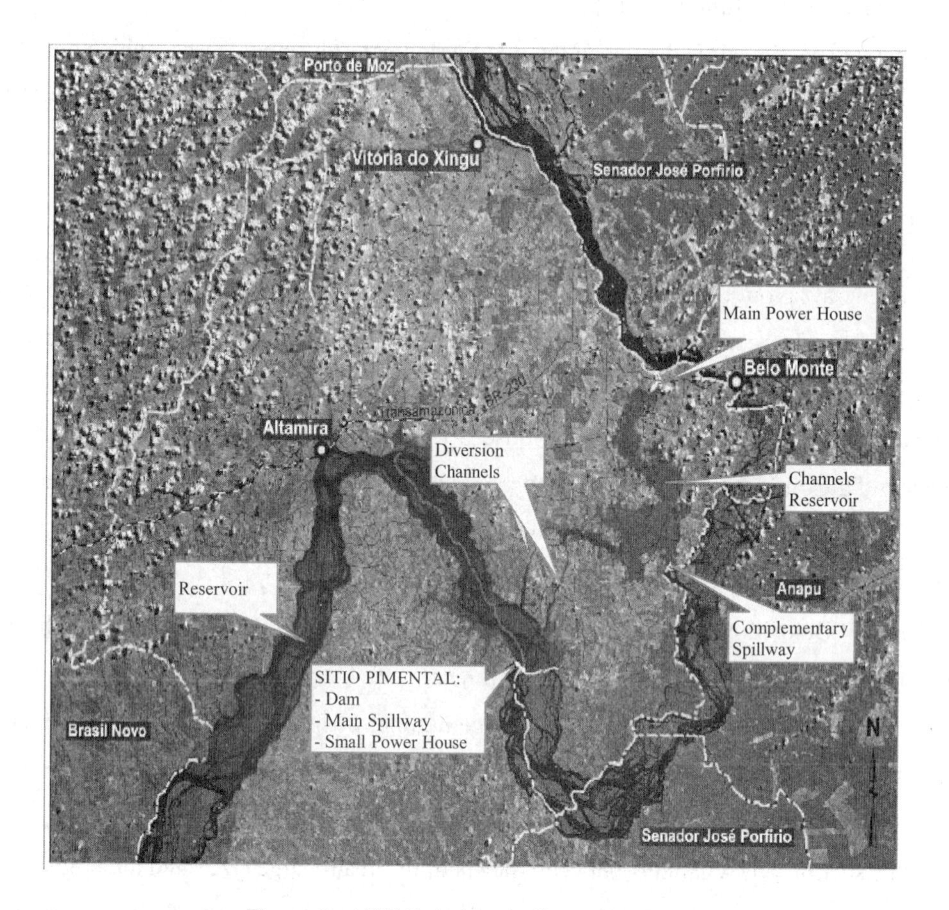

Figure 2 HPP Belo Monte General Layout

In order to meet these conditions an Ecological Hydrogram was defined, contemplating the annual cycle, to be released immediately downstream of the Pimental Site dam, where a Complementary Power House was foreseen to take advantage of these discharges to generate electricity.

b) HPP Belo Monte Ecological Flows Hydrogram

The Ecological Hydrogram contemplates the variation of flows throughout the year which is determinant for the survival of the terrestrial and aquatic ecosystems as well as for the maintenance of the living conditions of the riverine and indigenous population that inhabits this stretch of the Xingu River.

Firstly, a detailed diagnosis of the RFS was made, analyzing the intricate network of physical, biotic and socioeconomic environmental factors that characterize it environmentally and that are sensitive, to varying degrees of magnitude, to the variations caused in the flow regime that flow to the stretch.

Then, based on a judicious process of identification, classification and evaluation of the network of precedence of impacts associated with the reduction of flows in the RFS, an Ecological Hydrogram was defined to be maintained in the different seasons of the year, which guarantees a drought discharge of 700 m^3/s and a maximum flow rate of 8 000 m^3/s, with the possibility of reducing this flow rate to 4 000 m^3/s whenever a maximum of 8 000 m^3/s is released in the previous year.

The minimum flow of 700 m^3/s ensures the navigation of small vessels in the RFS channels.

On the other hand, the maximum of 8 000 m^3/s was established as a function of field observations of the upstream movement of migratory fishes, and it was verified that it occurs at flows between 7 000 m^3/s and 8 000 m^3/s. It is important to point out that in the years where the maximum flood flow of 4 000 m^3/s is released, then, there will be a higher hydric stress, with a greater negative impact on the migratory fish fauna.

From these reference flows for the drought and flood periods, the two hydrograms presented in Table 3 were established, alternating hydrographs A and B in consecutive years.

Table 3 Monthly Average Flows of RFS Hydrogram, m^3/s

HYDROGRAM	Jan	Feb	Mar	Apr	May	Jun	Jul	Aug	Sep	Oct	Nov	Dec
A	1 100	1 600	2 500	4 000	1 800	1 200	1 000	900	750	700	800	900
B	1 100	1 600	4 000	8 000	4 000	2 000	1 200	900	750	700	800	900

At Figure 3 it is presented these two hydrograms.

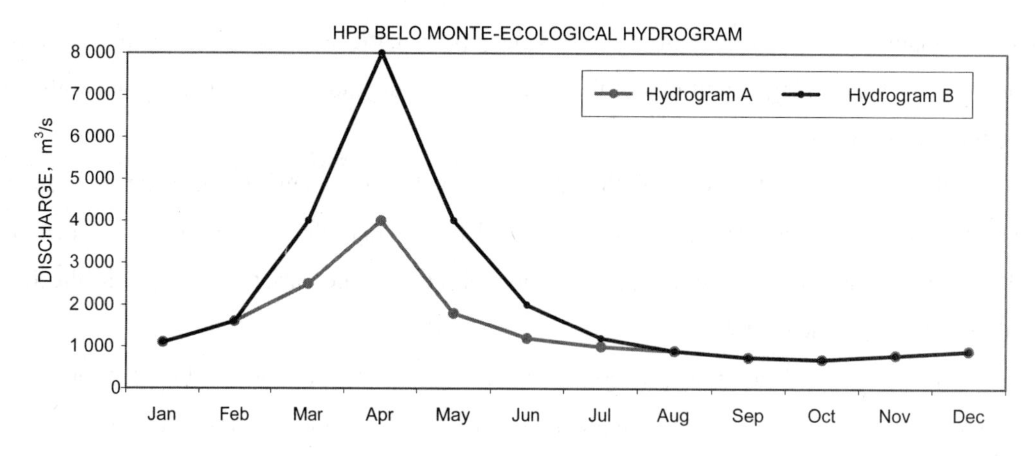

Figure 3　HPP Belo Monte – Ecological Hydrogram

2.2　HPP São Luiz do Tapajós

The energy studies carried out for the São Luiz do Tapajós hydroelectric power plant（HPP）concluded that the optimum total installed capacity for the project is of 8 040 MW，in two powerhouses（according to Figure 4）：

- Main Power House with 7 740 MW of installed capacity，coming from 36 units of 215 MW each，with vertical axis Kaplan type turbines，through which the a large portion of the natural inflow will flow；
- Complementary Power House，which will meet the requirement of the Reduced Flow Stretch – RFS，with 300 MW of installed capacity，with 2 hydro-generating units，with vertical axis Kaplan turbine type，and nominal unit power of 150 MW each.

The site of the development covers an area belonging to the municipalities of Itaituba and Trairão in the state of Pará / BR，with the dam axis（coordinates 4°33'7.51"and 56°16'42.76"）positioned close to Pimental village.

The level in the reservoir，which operates without depletion，was maintained at 50.0 m above see level，accumulating a total volume of $7\ 766\times10^6$ m^3 and occupying an area of 729 km^2. Of this area，about 353 km^2 correspond to the natural channel of the river，resulting in an effectively flooded area of 376 km^2.

The conception of AHE São Luiz do Tapajós considers as assumptions the preservation of the São Luiz do Tapajós rapids. The dam，spillway and complementary powerhouse were located upstream of the rapids，and the main powerhouse on the right bank，downstream of the rapids，using the existing natural head.

In this way, the project will lead to the formation of a Reduced Flow Stretch (RFS) in the Tapajós River, specifically in the São Luiz rapids region, where a minimum environmental flow of 1.068 m^3/s will be maintained downstream, which corresponds to 30% of the flow $Q_{7,10}$ (average flow of 7 consecutive days and return period of 10 years). The discharge through the spillways should occur in the wetter months, usually between March and April, when the water inflow exceeds the turbines discharge maximum capacity.

The rapids of São Luiz do Tapajós have a peculiar configuration, forming at the beginning a lake type section with an approximate extension of 6 km and then inflecting abruptly in the west-east direction, forming a slope with an approximate extension of 4 km where all the discharge of the Tapajós river flows through 5 natural channels. At the end of the rapids, which accumulates a head gradient of 12 m, the course of the river resumes the south-north orientation and after passing a sequence of other smaller rapids, flows calmly with a low slope towards the city of Itaituba and to the Amazon River.

The annual regime of the watershed runoff presents a great seasonality, with the natural minimum occurring in September, varying between 4 000 and 5 000 m^3/s, and the maximum between the end of February until April, with averages of 28 000 m^3/s.

a) Changes in Hydrodynamic Conditions in the Reduced Flow Stretch (RFS)

The water conditions of the reduced flow stretch (RFS) were analyzed in order to verify the impacts resulting from the reduction of flow in this section of the Tapajós River considering the issues related to scenic beauty, ichthyofauna and water quality.

The analyzes were developed using mathematical modeling techniques, using the software MIKE 21 two-dimensions hydrodynamic model, designed by DHI Water & Enviroment (Denmark), based on the Continuity and Momentum equations and numerical solution structured in finite elements.

Based on this application it was possible to analyze the new hydrodynamic behavior of the flux of flows in the RFS according to several configurations of engineering works in order to contemplate the determinations of the environmental agency.

In the composition of the input data of the mathematical modeling, a preliminary phase of analysis of the data of the planialtimetric and topobatimetric surveys was carried out, which allowed the preparation of the digital base of the terrain and the contour of the domain area to be considered in the simulations.

Figure 4 HPP São Luis do Tapajós General Layout

The optimization of the best arrangement of works was possible through the analysis of the successive results obtained from the mathematical modeling, made available through the graphical interfaces visualized through color legend and numerical results, representing the surface water level, the flux vectors of flow and depths at any point in the simulated domain.

b) Hydrodynamic Analysis of the Reduced Flow Stretch (RFS)

The water conditions of the reduced flow stretch (RFS) were analyzed in order to verify the impacts resulting from the reduction of flow in this section of the Tapajós River considering the multidisciplinary issues of preservation of the environment with emphasis on themes related to scenic beauty, ichthyofauna and water quality.

Regarding the preservation of the ichthyofauna, all the analysis were supported by expert consultants on ichthyofauna, since this region is very sensitive regarding the preservation of the species of the migratory and local fish fauna.

Reflecting the natural conditions of the Tapajós river rapids section, a graphical output report issued by the simulation model is presented, considering the discharge of the minimum flow $Q_{7,10}$, where 5 flow channels are identified (channels: C00; C01; C02, C03 and C04), which colectivelly form the São Luiz rapids.

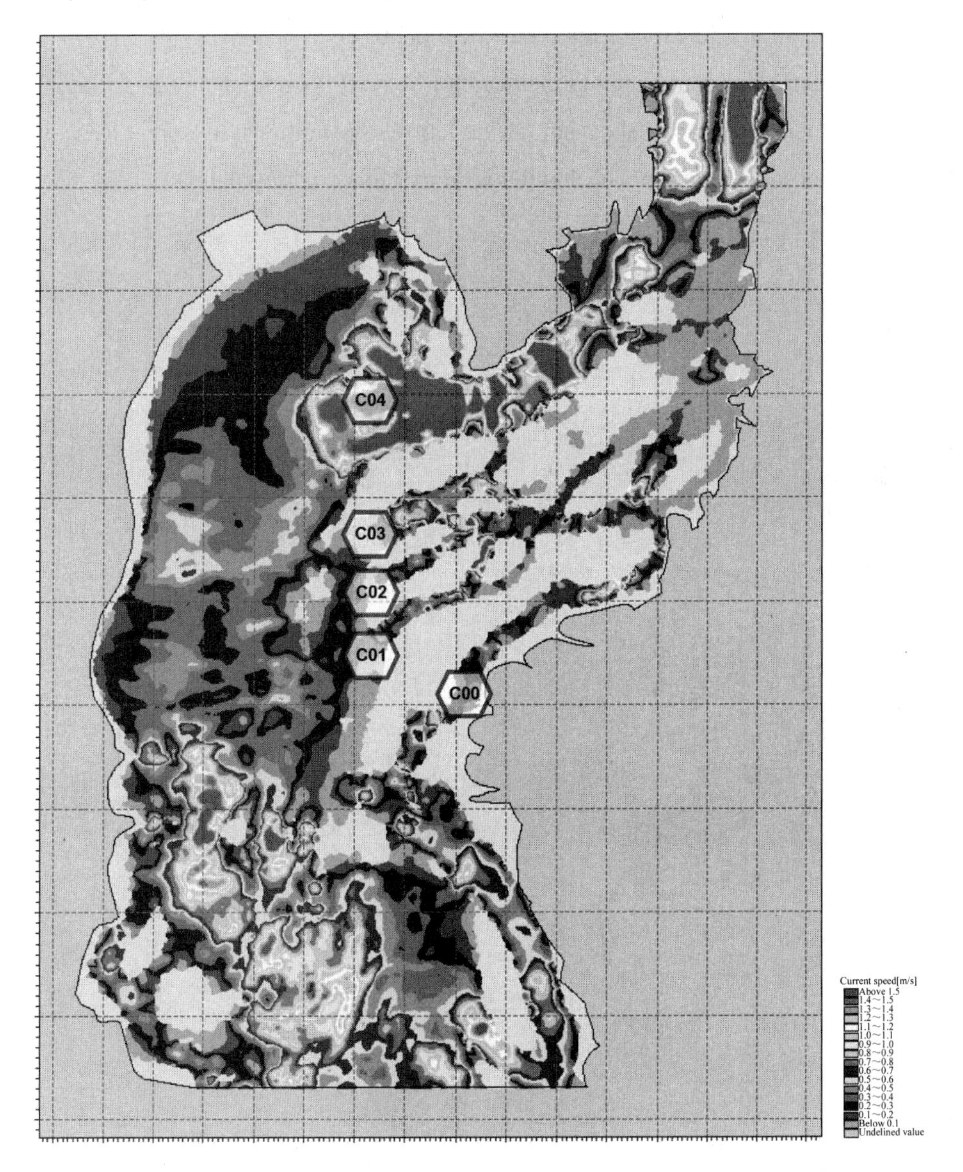

Figure 5 Flow Flux for the Natural River Conditions with Inflow of de 3 558 m^3/s ($Q_{7,10}$)

Figure 6 shows the results of a simulation in which the guaranteed minimum flow of 1 068 m^3/s is discharged, considering the implementation of the São Luiz do Tapajós project and without the development of any civil works in this reduced flow stretch of the Tapajós River. Figure 7 shows the result with the implementation of the civil works in this reduced flow stretch.

Under these conditions, the presence of the São Luiz do Tapajós dam will eliminate the C00 channel and, as a function of the flow of 1 068 m^3/s, the flow in the smaller channels (C01, C02 and C03) will be interrupted. In this situation, the flow of 1 068 m^3/s will be fully conveyed to the São Luiz do Tapajós main stream, identified as channel C04.

The mentioned conditions required the need for civil works implantation, trying, as far as possible, to preserve characteristics similar to current conditions in some RFS areas and channels, in order to maintain the local and migratory biota (ichthyofauna).

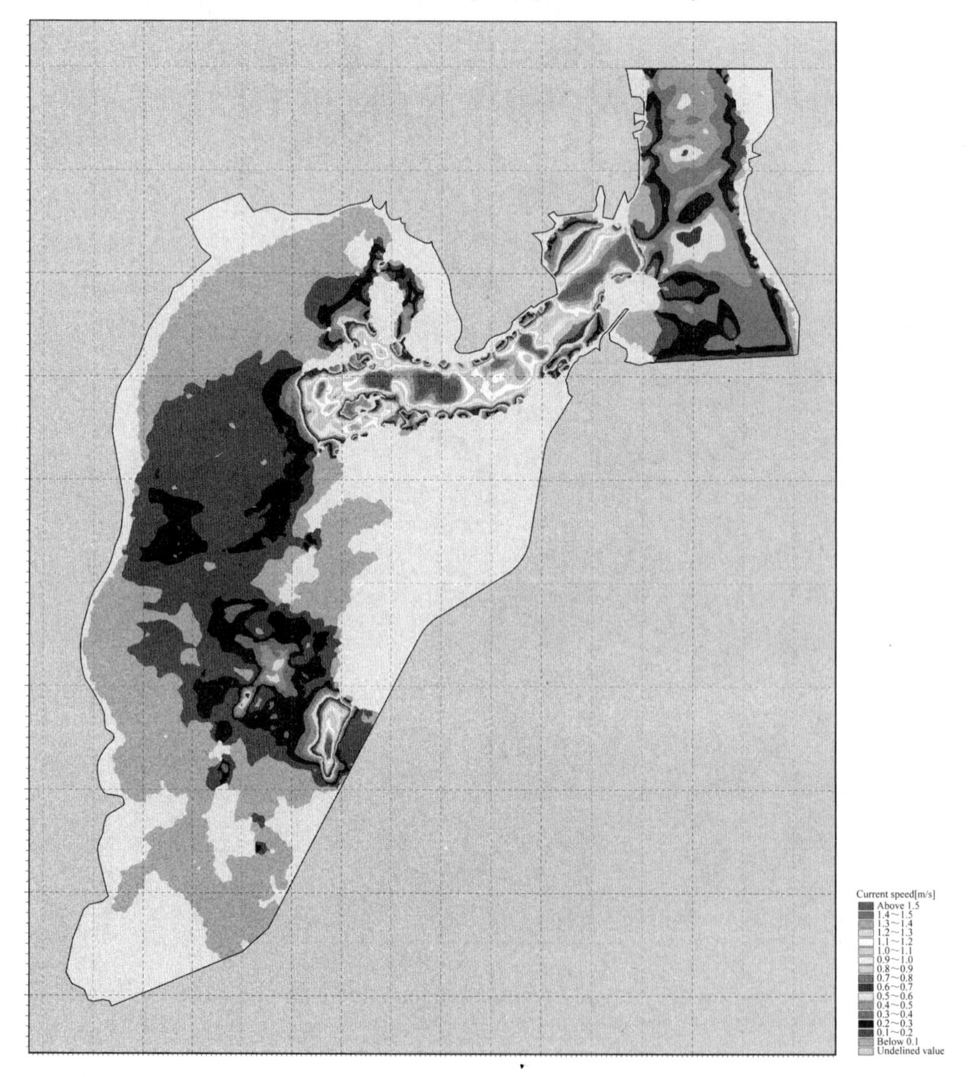

Figure 6 Situation Considering the Dam, but with no Works in the RFS – Inflow of 1 068 m^3/s

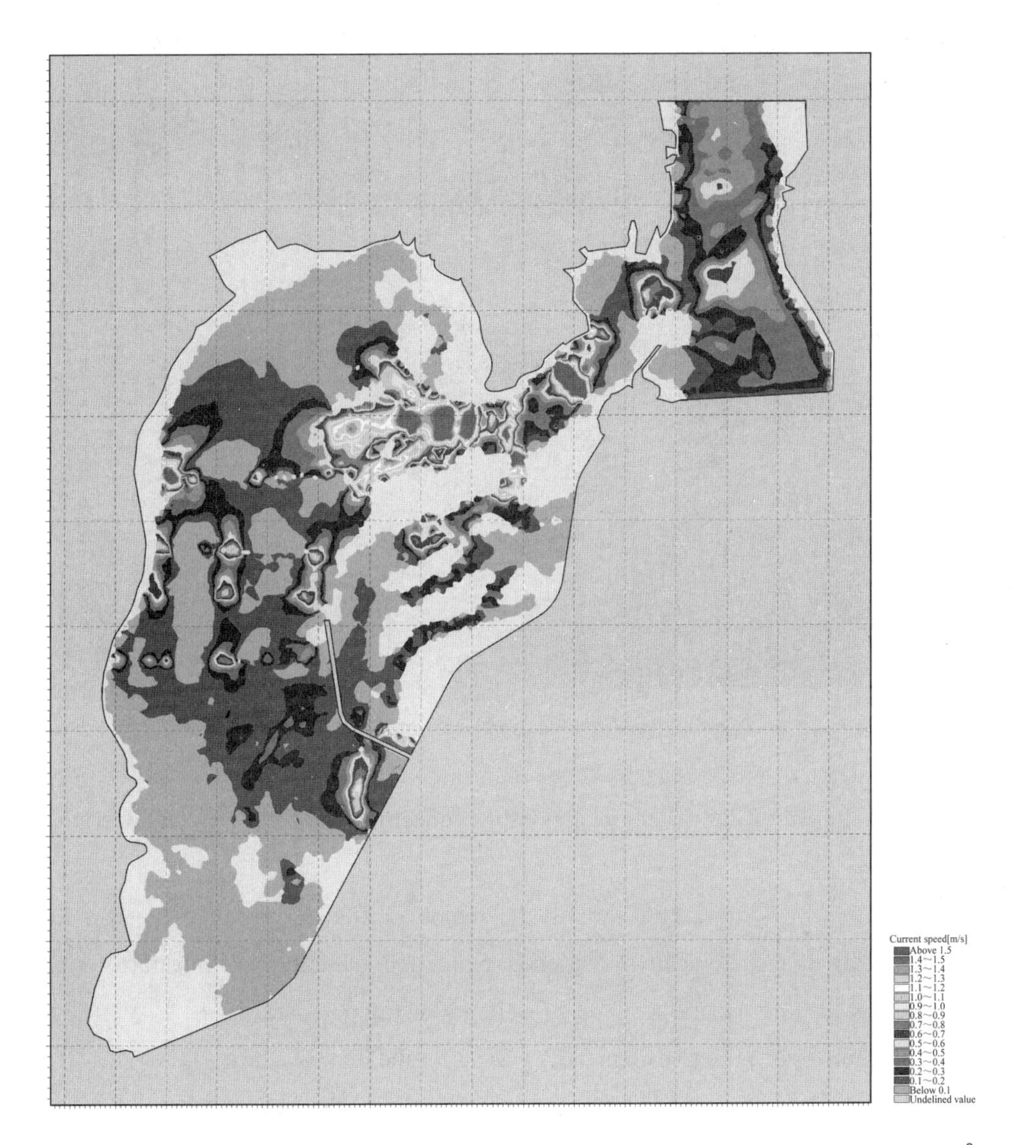

Figure 7　Situation Considering the Dam，and with Works in the RFS – Inflow of 1 068 m^3/s

Under these conditions，several simulations were carried out in the search for solutions of engineering works，through the implantation of devices such as submersible sills and hydraulic control structure for directing the flow of water.

Figure 8 shows a detail of the flux lines in the region of the channels and the submerged sills.

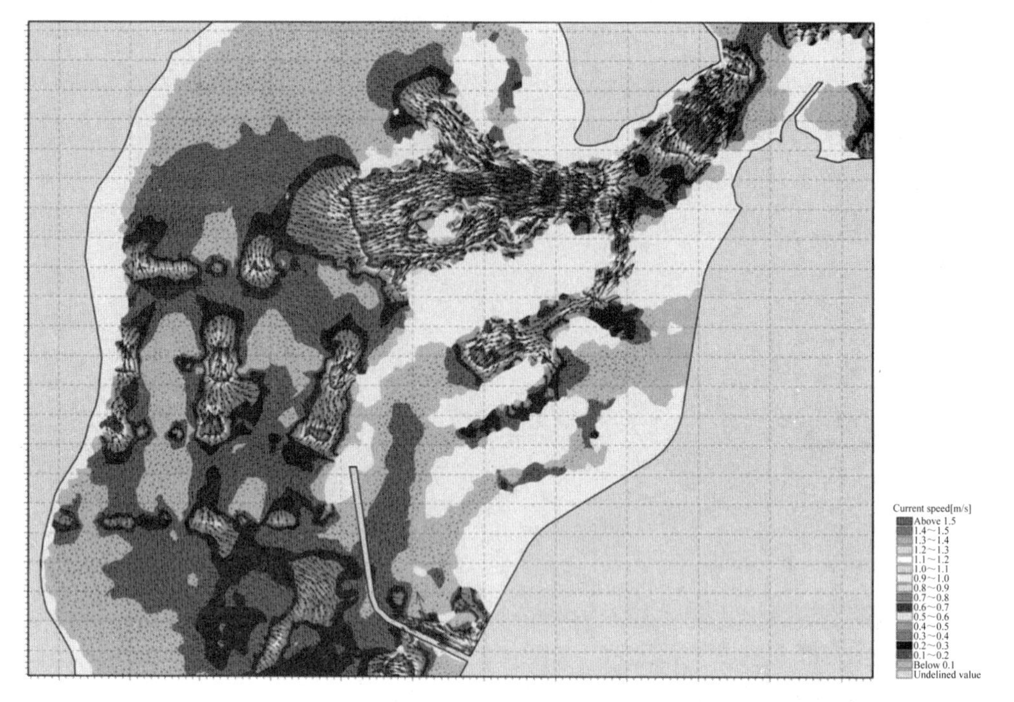

Figure 8　Detail of the Flow Flux – Underwater Weirs and Channels

For the fulfillment of the environmental issues/concerns，the following engineering works were considered：

- Implantation of 4 submerged sills in the region located upstream of the São Luiz do Tapajós rapids，strategically positioned along the natural rock substrate trajectories directed at the E-W position，to achieve the following purposes：
  - √ Creation of an attractive connectivity band for the ichthyofauna；
  - √ Improve the water quality with greater circulation in the lake type streach；
  - √ Preservation of scenic beauty through the elevation of the water level.
- Implantation of a septum（dividing wall） in order to minimize the impacts resulting from the reduction of flows in the reduced flow stretch，aiming at directing the flux of flows to the region of the smaller channels，identified as channels C01，C02 and C03，with the objective of resembling the natural water conditions specified in these channels. These conditions were fundamentally aimed at the preservation of the species of migratory fish，which during the "piracema" uses these rapids for spawning.

Therefore，in the division of the flux of flows to the region of the RFS the following operating rules were established：

√ For channels C01，C02 and C03 a minimum fixed flow of 121 m^3/s is maintained in the period from March to November. In the period of centralized "piracema" in the months of December, January and February, the flows will be maintained through the discharge of a flood hydrogram proportional to the total inflow to HPP São Luiz do Tapajós, and the peak flow can reach values of about 3 000 m^3/s in the rainiest years.

√ For the flows carried in the left sector of the septum (dividing wall) toward the lake type stretch of the RFS, a minimum fixed flow of 947 m^3/s is maintained, which can be incremented by the discharges of the spillway of the plant.

The presence of species dependent on "pedrais" and the dynamics of migratory fish spawning are the most relevant phenomena of the RFS ecosystems. The morphology of the "pedrais" conditions a set of water parameters that determine the multiplicity of habitats and the occurrence of spawning coincident with specific phases of the water regime of the river.

In this way, the proposed works aim to meet the RFS biota requirements, and more precisely seeks to achieve the following objectives:

- preservation of the characteristic fauna and flora present in the area;
- Preservation of "pedrais" fish;
- Preservation of migratory fish; and
- Preservation of breeding areas of large numbers of insects, which represent important food resources for numerous aquatic and forest species.

c) Definition of the Ecological Flow Hydrogram in the RFS

In the definition of the hydrogram of ecological flows in the RFS, the established goal for the migratory ichthyofauna, with the construction of the structures of HPP São Luiz do Tapajós, is to reach and maintain standards similar to those observed in the channel C03 and the remaining parts of the channels C01 and C02, with the release and directing of flows to these channels with discharges equal to those that are observed in natural conditions on channel C03.

Thus, during the period of the centralized "piracema" in the months of December, January and February, the flows in the right sector of the septum (dividing wall) will be maintained through the discharge of a flood hydrogram, proportional to the total natural inflow at HPP São Luiz do Tapajós (about 12%), with peak flow reaching about 3 300 m^3/s in the wetter years.

In order to direct the discharges of the hydrograph of the period of "piracema" to the channels C01, C02 and C03, it is foreseen the implantation of a septum (dividing wall), situated between the two flow control structures, allowing to direct independently, the flux of flows for the remainder of the RFS and for the channels C01 and C02.

In light of the seasonal behavior of the Tapajós river and the analysis of the data of the survey campaigns of the ichthyofauna, it was adopted as the date of the beginning of the discharge of the flows to the channel C03, the day of December 1st or later date, since the total inflow needs to be greater than 7 000 m^3/s.

The ecological hydrogram follows the same behavior of the total inflows of the Tapajós River until the 57th day and, from day 58, enters the phase of gradual recession until the 66th day.

Figure 9 shows the graphical conformation of the hydrographs of the daily flows in the C03 channel, based on data from 18 inflow flood events observed between 1994 and 2013, where the average hydrogram is also highlighted.

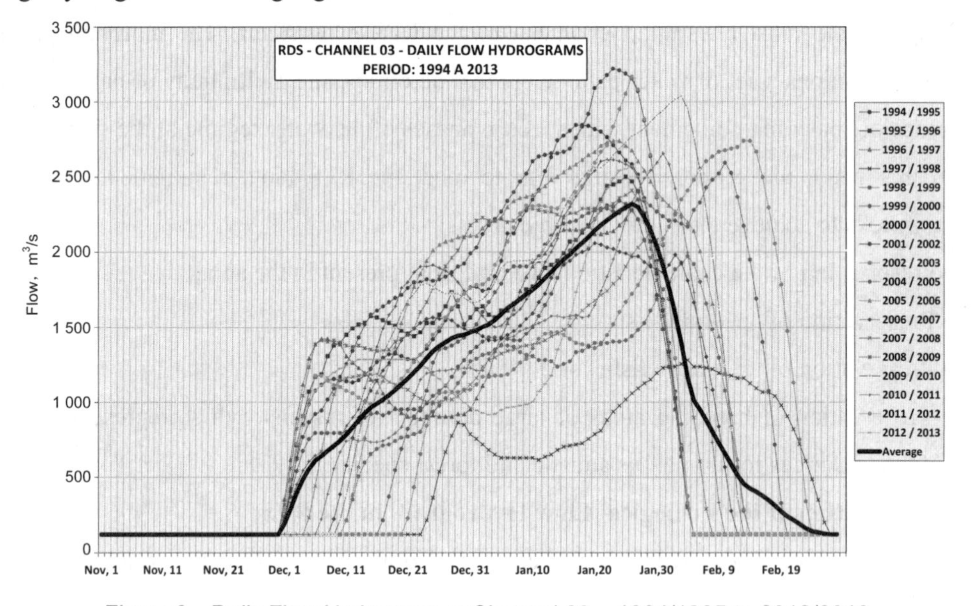

Figure 9 Daily Flow Hydrogram at Channel 03 – 1994/1995 to 2012/2013

3 CONCLUSIONS

The definition of the minimum flow should not necessarily be based on data normalized by environmental legislation, such as $Q_{7,10}$ flows, minimum flows or other hydrological events of statistical nature, previously defined.

The definition of the ecological flow should be studied through specific analyzes of each particular contributor watershed, considering the local contour conditions associated with water availability and water demand needs in order to attend the multiple uses of water.

In this conflict, what should prevail are the water needs addressing the environmental issues of the biotic environment as well as the water needs of the resident populations downstream of the enterprise, coordinating the needs of multiple uses of water, considering scenic beauty, water supply, dilution of effluents, navigation, tourism and leisure.

A good methodology to define the ecological flow at the RFS is the one applied in the studies of HPP São Luiz do Tapajós. This methodology was initially based on the Belo Monte methodology, which was simpler, but introduced the concept of an ecological hydrogram, with different ecological flows around the year. However, the studies performed for HPP São Luiz do Tapajós progressed and evolved, incorporating hydrodynamic modeling into the process.

Another inclusion in the HPP São Luiz do Tapajós study was the consideration of some civil works to be performed in the RFS to search for ways to minimize the impact, but without enhancing to much the ecological flow, that could jeopardize the economic and financial attractiveness of the project.

So, a methodology that can be adopted for the definition of ecological flows or ecological hydrogram to mitigate and minimize the impacts of the development of hydro power projects in environmentally sensitive areas is the following:

- Initially it needs to be made an adequate environmental and social diagnosis of the project area, identifying the existing uses of the water and the existing biodiversity. This diagnosis should try to determine the minimum requirements for the current condition not to be lost or drastically changed. This diagnosis shall include field researches and desktop studies.
- Field surveys of the river, especially in the RFS needs to be performed, to allow the hydrodynamic modeling of the RFS. Topography and bathymetry surveys, as well as water levels and water inflow measurements needs to be made for the different seasons of the river.
- An initial ecological parameter can be established based on legal requirements or statistical methods, to be verified in the hydrodynamic model.
- Model the RFS in bi-dimension hydrodynamic model software, and calibrate it for the current condition.
- Simulate in the model, several conditions of the RFS, for different flows and different seasons, and verify if the minimum requirements defined in the diagnosis stage are being met.
- Search for alternative solution to meet the minimum requirements, by both varying the ecological flow and introducing works in the RFS such as wall, fills, crests and sills/weirs.

• Optimize the solution by minimizing the impacts，maximizing generation and minimizing costs for the RFS works.

This methodology shall not only minimize the impacts of the project，but also maximize the benefits of the project.

Acknowledgements

- WorleyParsons
- China Three Gorges（CTG）
- Appraisal Center for Environment & Engineering Ministry of Environmental Protection（ACEE）
- Electrobras

References

[1] Eletrobras，WorleyParsons and Others，Feasibility Studies – HPP Belo Monte. 2010.

[2] Eletrobras，WorleyParsons and Others，Environmental Impact Study – HPP Belo Monte. 2010.

[3] Consórcio Eletrobras，WorleyParsons，Feasibility Studies – HPP São Luiz do Tapajós. 2014.

[4] Consórcio Eletrobras，WorleyParsons，Environmental Impact Study – HPP São Luiz do Tapajós. 2014.

澜沧江中下游梯级电站发电与生态需水耦合优化研究

郭有安　周　毅

（华能澜沧江水电股份有限公司集控中心，昆明 650214）

摘　要：随着澜沧江中下游河段梯级电站开发完成，发电、防洪、生态、航运等综合利用需求之间的矛盾日益突出。通过耦合优化算法和多元线性回归模型，在现有实际运行资料基础上，研究多目标约束条件下梯级电站的运行方式，在满足生态调度目标的前提下，实现发电效益最大化，并对今后澜沧江流域梯级电站生态优化调度提出建议。

关键词：梯级电站；发电；生态需水；耦合；澜沧江

1　澜沧江梯级电站开发情况

1.1　梯级电站概况

澜沧江流域是云南省境内的主要流域之一，同时也是全国十二大水电基地之一。澜沧江—湄公河全长约 4 500 km，总落差 5 500 m，流域面积 74.4 万 km^2。其中，我国境内河段长约 2 100 km，落差 5 000 m，流域面积为 17.4 万 km^2。流域内雨量丰沛，国境处多年平均水量为 640 亿 m^3，水能资源可开发量为 3 200 万 kW。澜沧江干流在云南省境内河段长 1 240 km，落差 1 780 m。按初步规划成果，从上游到下游按 15 级开发，总装机容量约 2 575 万 kW，年发电量约 1 167.45 亿 kW·h。

目前澜沧江干流已建成投运功果桥、小湾、漫湾、大朝山、糯扎渡、景洪两库六级电站，总库容 415 亿 m^3 左右，总调节库容 221 亿 m^3 左右，总装机容量 1 572 万 kW，年发电能力 700 亿 kW·h 左右，各电站基本特性见表 1。

表1 澜沧江中下游梯级电站特性

电站名	流域面积/km^2	多年平均流量/（m^3/s）	装机容量/MW	保证出力/MW	年发电量/亿 kW·h	正常蓄水位/m	总库容/亿 m^3	调节性能
功果桥	9.72	1 010	900	399	41.8	1 307	5.1	日调节
小湾	11.33	1 230	4 200	1 854	189.9	1 240	149.14	不完全多年调节
漫湾	11.45	1 250	1 670	727	76.6	994	9.2	周调节
大朝山	12.10	1 350	1 350	806	59.3	899	8.9	季调节
糯扎渡	14.47	1 740	5 850	2 406	239.12	812	237	多年调节
景洪	14.91	1 810	1 750	781	63.6	602	12.3	周调节

1.2 梯级电站集控运行

华能澜沧江水电有限公司于 2006 年开始由集控中心对流域梯级电站实行流域层面的统一运行管理，具体负责流域电厂的远程集中控制、运行管理、水情测报和水库联合优化调度等工作，目的就是统筹兼顾防洪、发电、航运、生态等方面的关系，优化梯级库群调度，充分发挥澜沧江流域梯级电站的巨大的综合效益。目前，澜沧江水电集控中心已实现了对澜沧江中下游的功果桥、小湾、漫湾、糯扎渡和景洪 5 座水电站的远程集控和梯级水库集中调度运行管理。

2 梯级电站生态流量要求及水位约束

澜沧江出境处多年平均径流量 741.5 亿 m^3，出境水量仅占湄公河河口水量的 15.9%。根据澜沧江地形地貌和社会经济情况，主要从河道最小生态流量、生活及生产用水需求与航运用水需求以及库区和下游河道水位变幅要求四个方面综合考虑。

2.1 最小生态流量要求

根据《关于印发水电水利建设项目水环境与水生生态保护技术政策研讨会会议纪要的函》（环办函〔2006〕11 号）等文件要求，通常最小生态流量按多年平均流量的 10%考虑。结合澜沧江流域环境特征因素，澜沧江中下游梯级电站最小生态流量均为不低于多年平均流量的 10%[1]。

2.2 生活及生产用水需求

由于澜沧江沿江河段两岸无大规模城镇分布，下游主要城镇为景洪市，其余河段沿江两岸民居和农田主要分布在澜沧江各支流、支沟出口处的冲积阶地上，基本无灌溉供水要求。因此生活及生产需水要求只需考虑景洪市的工业、农业及生活用水需求。除市政供水外，为配合西双版纳傣族自治州州庆的系列庆典活动，每年 4 月泼水节期间景洪下游河道有一些特殊用水需求，要求景洪电站出库流量维持在 1 300 m^3/s，对电站发电运行要求较高。

2.3 航运用水需求

水电站在进行日调节的过程中会引起电站下游河段的水位、流速、流态频繁变化，对下游航道维护、船舶安全航行及港口、码头的正常作业等产生一定的影响。由于澜沧江景洪以下河段以及景洪库区有通航要求，按照中国、老挝、缅甸、泰国四国政府签订的《澜沧江—湄公河商船通航协定》中Ⅴ级航道标准，经交通运输部天津水运科学研究院论证可通航河段最小流量不能低于 504 m^3/s。

2.4 其他

考虑到正常情况下小湾—漫湾、漫湾—大朝山梯级电站水位已衔接，因此正常情况下小湾、漫湾电站不需要下泄生态流量，仅在下游电站水位消落到一定程度时需保证下游河道生态流量。同时为满足下游梯级电站运行，小湾电站和漫湾电站联合调度满足日均下泄流量不低于 470 m^3/s；糯扎渡电站满足日均下泄流量不低于 500 m^3/s。各控制断面最小下泄流量指标见表 2。

表 2　澜沧江中下游主要控制断面最小下泄流量指标　　单位：m^3/s

电站	多年平均流量	生态流量需求	批复的最小下泄流量	最大发电流量
功果桥	1 010	101	168	1 776
小湾	1 230	123*	470（日均）	2 262
漫湾	1 250	125**	125	2 150
大朝山	1 350	135	150	2 160
糯扎渡	1 740	174	500（日均）	3 144
景洪	1 810	504	504	3 328

注：* 漫湾水库消落至 988 m 以下时小湾电站最小流量要求；**大朝山水库消落至 894.80 m 以下漫湾电站最小流量要求。

2.5 库区及下游河道水位变幅要求

由于景洪库区有通航要求，运行中应避免水位陡涨陡落，水位有重大变化应提前通知航运部门，景洪下游河道水位变幅不能超过 1 m/h。

3 优化目标及建模求解

3.1 优化目标

满足生态流量需求及电力系统安全稳定前提下对发电运行方式进行优化，寻求梯级发电量最大的模型[2]。

3.2 建模及求解

3.2.1 目标函数

梯级水库发电量最大目标，即

$$E = \max \sum_{t=1}^{T} \sum_{i=1}^{N} P_{it} \cdot \Delta t \tag{1}$$

式中，E 为调度期总发电量；T 为时段总数；N 为水电站总数；P_{it} 为 i 水库 t 时段出力；Δt 为计算时段[3]。

满足最小生态流量目标，即

$$Q_t \geqslant Q_{\min} \tag{2}$$

3.2.2 约束条件

（1）水量平衡约束

$$V_t = V_{t-1} + (I_t - O_t) \cdot \Delta t \tag{3}$$

式中，V_t 为 t 时段末的水库库容；V_{t-1} 为 $t-1$ 时段末水库库容；I_t 为入库流量；O_t 为出库流量；Δt 为计算时段[4]。

（2）下泄流量约束

$$Q_{\min} < Q_t < Q_{\max} \tag{4}$$

式中，$Q_{\min}$ 为最小下泄流量，不得小于最小生态流量需求；$Q_{\max}$ 为电站最大泄洪能力。

（3）电站出力约束

$$N_{\min} < N_t < N_{\max} \tag{5}$$

式中，$N_{\min}$ 为 t 时段允许的电站最小出力；N_t 为 t 时段的电站出力；$N_{\max}$ 为 t 时段允许的电站最大出力，不得高于电站满发对应的出力[5]。

（4）发电引用流量约束

$$Q_{E\min} < Q_t < Q_{E\max} \tag{6}$$

式中，$Q_{E\min}$ 为最小发电引用流量；Q_t 为 t 时段发电引用流量；$Q_{E\max}$ 为机组最大发电引用流量。

（5）水位过程约束

$$Z_{\min} < Z_t < Z_{\max} \tag{7}$$

式中，Z_t 表示 t 时段的库水位；$Z_{\min}$ 和 $Z_{\max}$ 分别为 t 时段允许的水库最低水位和最高水位。

（6）电力系统约束

电力系统约束包括送出线路潮流限制、线路检修等。

3.2.3 模型求解

梯级水电站群多目标约束下的优化调度运行是一个大规模、多约束、动态、非线性优化问题，智能算法以其求解速度快、计算规模大、易于程序化而得到广泛的应用[5]。随着梯级水电站群综合利用需求的持续增加，其联合优化调度面临越来越多的目标，传统的求解单目标问题的方法已难以适用。因此，越来越多的目标求解方法被提出和应用，澜沧江中下游梯级电站发电与生态需水耦合优化研究采用非支配排序遗传算法（NSGA-Ⅱ）进行优化分析。

NSGA-Ⅱ是一种基于精英策略的多目标进化算法。其基本思想是：①随机生成一定规模的初始种群，经过非支配排序后通过遗传操作得到第一代子种群；②从第二代开始，将父代种群与子代种群合并，进行快速非支配排序后对各层个体进行拥挤距离计算，根据非支配关系及个体拥挤距离选取合适的个体组成新的父代种群；③通过遗传操作产生新一代种群，迭代循环，直至满足终止条件[6]。

利用多元线性回归模型进行求解[7]：

$$y_i=\sum_{j=1}^{n}\beta_j x_{ij}+\varepsilon_i\,,\ i=1,2,\cdots,m \tag{8}$$

式中，$\vec{y}$、$\overrightarrow{X}$、$\vec{\beta}$、$\vec{\varepsilon}$ 分别为模型的系数矩阵，上述模型可表示为：

$$\vec{y}=\overrightarrow{X}\,\vec{\beta}+\vec{\varepsilon} \tag{9}$$

$$\vec{y}=\begin{pmatrix} y_1 \\ y_2 \\ \vdots \\ y_n \end{pmatrix}\quad \vec{\beta}=\begin{pmatrix} \beta_1 \\ \beta_2 \\ \vdots \\ \beta_n \end{pmatrix}\quad \vec{\varepsilon}=\begin{pmatrix} \varepsilon_1 \\ \varepsilon_2 \\ \vdots \\ \varepsilon_m \end{pmatrix}\quad \overrightarrow{X}=\begin{pmatrix} x_{11} & x_{12} & \cdots & x_{1n} \\ x_{21} & x_{22} & \cdots & x_{2n} \\ \vdots & \vdots & & \vdots \\ x_{m1} & x_{m2} & \cdots & x_{mn} \end{pmatrix} \tag{10}$$

其求解实质即确定系数矩阵$\vec{\beta}$，公式为：

$$\vec{\beta}=(\vec{X}^T\vec{X})^{-1}\vec{X}^T\vec{y} \tag{11}$$

根据实际样本构成的$\vec{y}$和$\vec{X}$，按照上式求解系数矩阵，进而得到多元线性回归方程。

求解结果：按照上述目标函数和约束条件，利用多元线性回归模型进行计算，计算出澜沧江各梯级电站在满足表 2 生态流量优化目标下的保证出力、日均最低发电量见表 3。

表 3　各电站满足生态流量的最小出力与最小日均电量

电站	最小出力/MW	最小日均电量/（MW·h）
功果桥	28（双机空载）	2 400
小湾	250	22 500
漫湾	270	2 350
糯扎渡	310	21 600
景洪	2 833	6 800

4　优化调度成果

由于汛期来水较大，梯级电站一般能满足下游最小流量需求，本文主要针对枯期运行情况进行分析。

4.1　耦合优化后近 3 年各梯级电站最小流量保证情况

以景洪电站为例，耦合优化后近 3 年月均出库流量、最小出库流量及出现时段见表 4。

表 4　近 3 年景洪电站月最小出库流量统计　　单位：m^3/s

年份	1 月	2 月	3 月	4 月	5 月	6 月	7 月	8 月	9 月	10 月	11 月	12 月	年最小值	日期
2013 年	714	775	504	510	751	627	786	831	794	835	1 744	1 154	504	3 月 26 日
2014 年	835	847	1 217	1 159	1 212	978	768	768	974	1 378	817	1 235	768	8 月 3 日
2015 年	832	764	785	1 124	905	1 202	1 037	1 082	817	798	804	812	764	2 月 19 日

4.2 耦合优化后景洪出库流量变化

（1）梯级电站建成后，通过梯级库群联合优化与生态耦合优化运行，景洪月出库最小流量从天然河道的 400 m^3/s 提高到 950 m^3/s，枯期（11 月至次年 5 月）月平均流量从天然情况的 832 m^3/s 提高到 1 474 m^3/s，对下游河段通航条件有明显的改善作用。在不同典型年运行方式下景洪出库流量见表 5，流量过程如图 1 所示。

表 5　典型年景洪出库流量过程　单位：m^3/s

流量	1 月	2 月	3 月	4 月	5 月	6 月	7 月	8 月	9 月	10 月	11 月	12 月	平均	汛期比重
多年平均流量	706	587	560	679	1 040	1 960	3 430	4 140	3 460	2 600	1 560	951	1 810	72.1%
丰水年	1 246	1 396	1 378	1 382	1 783	1 378	4 065	3 441	2 830	2 056	1 596	1 352	1 999	57.9%
平水年	1 462	1 433	1 437	1 465	1 754	1 361	1 332	3 033	2 725	1 395	1 204	1 362	1 665	49.5%
枯水年	1 751	2 512	2 538	1 735	1 189	1 424	1 573	1 844	1 469	1 333	1 029	1 302	1 637	39.2%

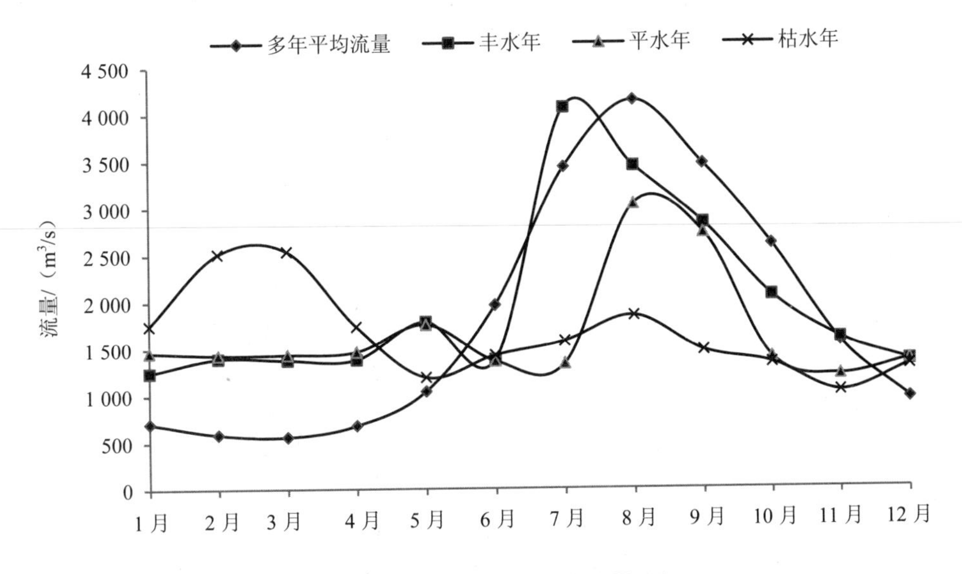

图 1　典型年景洪出库流量过程

由图 1 可见在不同典型年下，景洪出库流量过程都比天然来水条件下的流量年内分配更加均匀，枯期流量远大于天然流量，使下游枯期航运能力大大加强；而汛期流量较天然流量减少，降低了下游发生洪涝灾害的可能性。

（2）景洪电站近 3 年运行情况

为分析梯级电站运行调节效果，对景洪电站近 3 年运行情况进行统计，见表 6。

表 6 景洪电站近 3 年运行情况

时段（枯水期）	景洪断面天然入库流量		梯级电站调节后景洪下泄流量			
	天然入库流量/（m^3/s）	比多年平均流量	景洪实际下泄流量/（m^3/s）	补水流量/（m^3/s）	下游流量增幅	比多年平均流量
2013 年	692	−20.4%	1 742	1 050	151.7%	100.5%
2014 年	719	−17.3%	1 545	826	114.9%	77.8%
2015 年	766	−11.9%	1 303	537	70.1%	49.9%

以上数据说明澜沧江流域梯级电站的调节作用显著。糯扎渡和小湾电站联合及生态需水耦合优化运行，既解决了上游电站调峰运行引起下游水位波动问题，同时也保障了下游河道生态需水。通过电力调度机构和澜沧江集控中心科学合理的运行调度，澜沧江最末一级景洪电站尽量少参与调峰运行，出库流量和下游小时水位变幅严格满足了国际通航河道生态及航运相关要求，保障了澜沧江—湄公河跨境国际河流生态流量安全。2016 年年初根据国家防汛抗旱总指挥部的相关要求，澜沧江梯级电站自 3 月 15 日开始分 3 个阶段（3 月 15 日至 4 月 10 日、4 月 11 日至 20 日、4 月 21 日至 5 月 31 日）开展了应急调度工作，累计补水 110 亿 m^3。

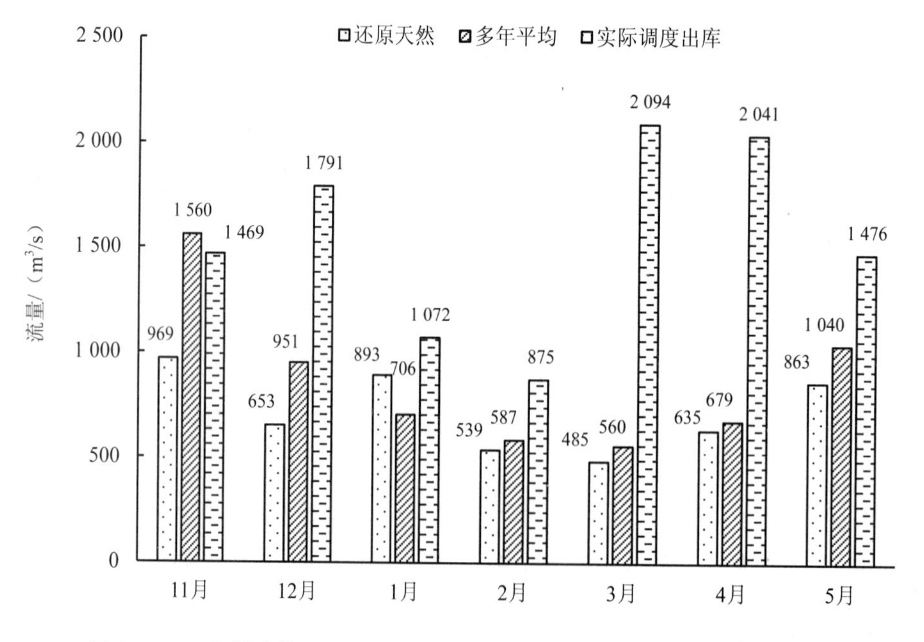

图 2 2014 年枯水期（2014 年 11 月至 2015 年 5 月）景洪电站调度出库流量对比

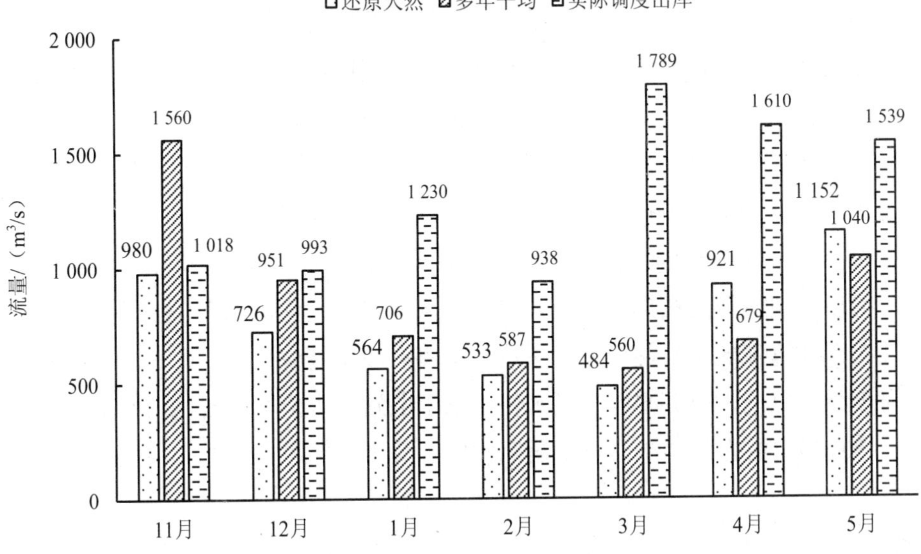

图 3　2015 年枯水期（2015 年 11 月至 2016 年 5 月）景洪电站调度出库流量对比

5　存在问题

虽然在澜沧江梯级电站运行中通过保障措施基本能满足下游生态流量和综合用水需求，但仍存在一定问题：

（1）澜沧江梯级电站承担系统调峰调频任务，是整个云南电网乃至南方电网的主要电源点，受系统负荷、电网潮流、线路检修等因素影响，部分时段调整机组出力满足生态流量存在一定困难。

（2）在特殊时段（单电站所有送出线路检修、全厂事故停机、负荷大幅波动等）仍需开启泄流设施实施向下游生态应急补水，泄流设施长期处于小开度运行，安全稳定面临一定风险。

（3）上、下游负荷与电量不匹配，上游电站剧烈变化引起下游电站水位及出库流量大幅波动。景洪电站调节库容有限，上游糯扎渡电站装机容量大，负荷调整幅度大，与景洪电站不匹配，在系统负荷波动较大时容易引起景洪库水位较大波动。上游的小湾电站与漫湾电站也存在同样的问题。

6　主要结论及建议

根据上文的分析，得出以下结论：

（1）根据澜沧江梯级电站的发电与生态流量耦合联合优化研究，可以在满足梯级生态流量及综合用水需求的情况下，尽可能减少生态调度对发电的影响，澜沧江最末一级景洪电站尽量少参与调峰运行，出库流量和下游小时水位变幅均可满足国际通航河道生态及航运相关要求，确保了澜沧江—湄公河跨境国际河流生态流量需求。

（2）通过梯级电站发电与生态流量耦合优化，可以实现梯级间生态流量优化，在确保梯级间河道生态用水安全的前提下，实现梯级电站发电效益最优。

（3）通过梯级电站发电与生态流量耦合优化，利用梯级水库群联合优化和补偿调节，蓄丰补枯，可以实现梯级间枯期出库流量显著提高，对改善河流枯期生态流量效益显著。

此外，对于澜沧江流域梯级电站生态优化调度有以下建议：

（1）对于梯级电站，当上游电站尾水位与下游电站库水位衔接时，上游电站不再设置最小下泄流量；当上游电站尾水位与下游电站库水位不衔接时，上游电站按保证最小生态流量下泄。

（2）功果桥电站最小下泄流量 168 m^3/s，下游为小湾电站，为便于枯期用机组发电保障最小下泄流量，建议修改为多年平均流量的 10%，即 101 m^3/s。

（3）漫湾最小下泄流量 125 m^3/s 与上游小湾电站最小下泄流量日均 470 m^3/s 不匹配，建议小湾最小下泄流量调整为不低于生态流量 123 m^3/s。

参考文献

[1] 尹正杰，杨春花，许继军. 考虑不同生态流量约束的梯级水库生态调度初步研究[J]. 水力发电学报，2013，32（3）：66-71.

[2] 王霞，郑雄伟，陈志刚. 基于河流生态需水的水库生态调度模型及应用[J]. 水电能源科学，2012（30）：59-61.

[3] 杨娜，梅亚东，于乐江. 考虑天然水流模式的多目标水库优化调度模型及应用[J]. 河海大学学报：自然科学版，2013，41（1）：85-89.

[4] 史艳华，邹鹰，丰华丽. 河道生态需水及水库的生态调度方式研究进展[J]. 水资源保护，2007（23）：4-6.

[5] 康玲，黄云燕，杨正祥，等. 水库生态调度模型及其应用研究[J]. 水利学报，2010，41（Z2）：134-141.

[6] 程春田，唐子田，李刚，等. 动态规划和粒子群算法在水电站厂内经济运行中的应用比较研究[J]. 水力发电学报，2008，27（6）：27-31.

[7] 武新宇，程春田，廖胜利，等. 两阶段粒子群算法在水电站群优化调度中的应用[J]. 电网技术，2006（30）：25-28.